ENTDECKENDES LERNEN AM WÜRFEL

Handlungsorientierte Übungen
zur differenzierten Schulung
des räumlichen Vorstellungsvermögens

von Jürgen Behrens

Mildenberger Verlag

Räumliches Vorstellungsvermögen

Das Arbeitsheft „Entdeckendes Lernen am Würfel" ist so konzipiert, dass allen Kindern Lernen ermöglicht wird, d. h. alle Kinder auf individuellen Lernwegen ihr räumliches Vorstellungsvermögen schulen bzw. kontinuierlich verbessern können. Der Würfel dient hier als Mittel zum Zweck. Durch den ständigen Wechselbezug zwischen Zweidimensionalität und Dreidimensionalität eignet sich das Thema „Würfel und Würfelnetze" in besonderem Maße zur Schulung des räumlichen Vorstellungsvermögens.

Individuelles Lernen

Die Aufgaben im Arbeitsheft erfahren von Seite zu Seite eine Steigerung des Anspruchsniveaus im Rahmen des räumlichen Vorstellungsvermögens. Alle Kinder können alle Aufgaben im Arbeitsheft lösen, allerdings auf unterschiedlichen Niveaustufen. Wer die gestellten Aufgaben nicht im Kopf lösen kann, dem müssen handlungsorientierte Zugänge über geeignete Arbeits- und Lernmittel ermöglicht werden. Diese handlungsorientierten Zugangsmöglichkeiten werden garantiert durch 8 Kartonbeilagen und 11 Legepläne passend zu den unterschiedlichen Aufgabenstellungen des Arbeitsheftes.

Die Legepläne

Die Legepläne mit den 11 Würfelnetzen (S. 43ff.) können herausgetrennt werden. Die Quadratflächen der Beilage 1 können passgenau auf den Legeplänen der 11 Würfelnetze abgelegt werden. Durch die individuelle Auswahl der Legepläne entstehen qualitativ unterschiedlich anspruchsvolle Aufgabenstellungen über die Wahl einfacherer und schwierigerer Würfelnetze, aber auch über die Auswahl der Flächen, Kanten und Ecken. Auf den Legeplänen sind alle 11 Würfelnetze vorhanden. Sie können gedreht und geklappt werden, sodass alle Aufgabenstellungen im Arbeitsheft über Handlung erfahrbar gemacht werden können.

Die Beilagen

Die Quadratflächen der Beilage 1 (Blatt 1 und 2) ermöglichen den Bau verschiedener Würfelnetze. Die Flächen können mit durchsichtigem Klebestreifen über die Kanten problemlos zusammengeklebt werden und bei fehlerhaften Lösungen auch leicht wieder auseinandergeschnitten werden.

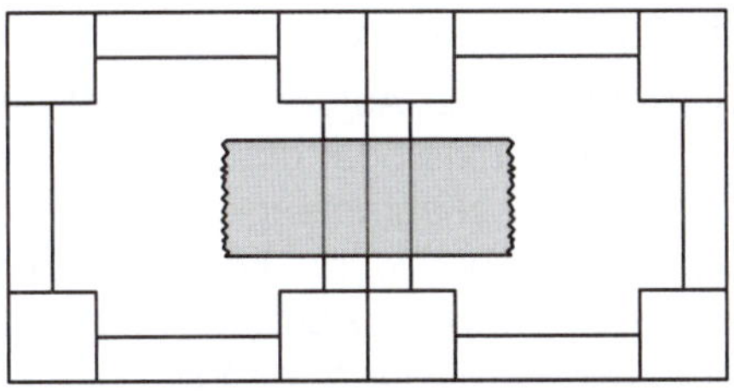

Die Kontrolle, ob ein Würfel aus dem Würfelnetz entstehen kann, erfolgt über Zusammenfalten zu einem Würfel (vgl. S. 4).

Die Kanten und Ecken der Beilage 2 (Blatt 1 und 2) dienen dem Bau eines Kantenmodells. Flächen, Kanten und Ecken der Beilagen 1 und 2 können, je nach Aufgabenstellung, entsprechend eingefärbt werden bzw. mit Markierungspunkten beklebt werden, die bei falschen Lösungen einfach wieder abgelöst werden können.

Die Beilage 3 (Blatt 1 und 2) dient der spielerischen Vertiefung der jeweils angesprochenen Themendarstellungen am Würfel, wie gegenüberliegende Flächen, Würfelpunkte, parallele Kanten, Würfelbänder, raumdiagonal gegenüberliegende Ecken und Würfelschnitte.
Als Ablagefläche für diese Spielkarten dienen die Legepläne, womit wiederum eine optimale Differenzierungsmöglichkeit hinsichtlich der Auswahl unterschiedlich anspruchsvoller Würfelnetze gewährleistet ist.

Kontrollmöglichkeiten

Es gibt Aufgaben mit einer Lösung und Aufgaben mit mehreren Lösungsmöglichkeiten.
Die Schülerinnen und Schüler können und sollen ihre Ergebnisse durch eine Selbstkontrolle überprüfen. Das ist ein wichtiger Teil des entdeckenden Lernens. Die Kontrolle kann über den Zusammenbau der Würfelnetze zum Würfel erfolgen, aber auch über den Einsatz der Abrollwürfel aus der Beilage 4 (Blatt 1 und 2). Unter **www.mildenberger-verlag.de/wuerfel** können Sie Lösungen und Lösungsmöglichkeiten auch kostenlos downloaden.

Der Abrollwürfel

Schon der Bau des Abrollwürfels ist eine erste Übung, welche die Kinder zuerst ohne Anleitung versuchen sollten. Der korrekte Zusammenbau des Abrollwürfels kann auch mit den Zahlen auf der Rückseite erfolgen, die nach dem Legeplan 1 ausgelegt, mit Klebestreifen verbunden und dann zum Würfel zusammengefügt werden.

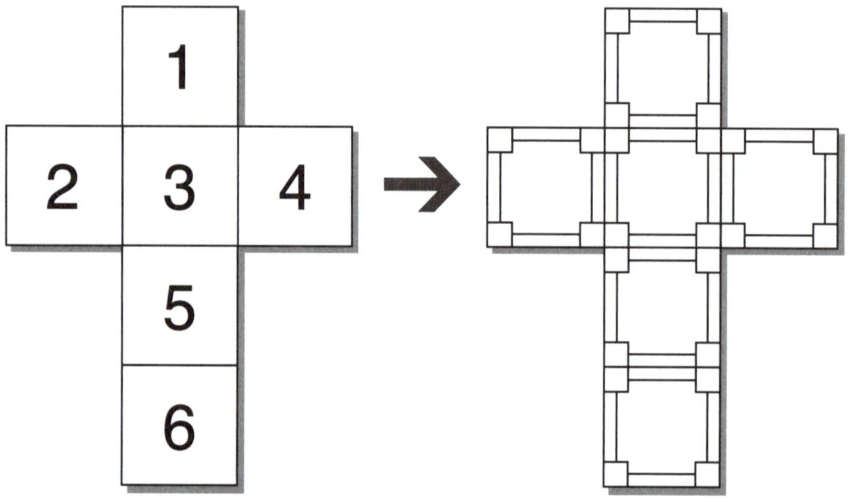

Kontrolle und Konstruktion mit dem Abrollwürfel

Über den Abrollwürfel erfolgt eine Kontrolle der Aufgaben in der Ebene. Die neutrale schwarzgefärbte Fläche, Kante, Ecke, die Würfelpunkte oder das Band kann für jede Einzelkontrolle genutzt werden, **ohne** dass das Würfelnetz zusammengefaltet werden muss.
Z. B. der Abrollwürfel (Ecken): Mit diesem Abrollwürfel können die Eckflächen, die zusammen eine Würfelecke ergeben, überprüft werden. Beim Abrollwürfel (Ecken) ist bei korrektem Zusammenbau eine Ecke schwarz gefärbt. Der Abrollwürfel wird so auf die Vorlage gelegt, dass eine schwarze Eckfläche des Würfels mit einer farbigen, z. B. roten, Eckfläche der Vorlage zur Deckung gebracht wird. Nun kann der Würfel über die Vorlage abgerollt werden. An allen Stellen, an denen eine schwarze Eckfläche des Abrollwürfels die Vorlage trifft, muss dort die Eckfläche rot gefärbt sein.
Alle Abrollwürfel können nicht nur Kontrollfunktion, sondern auch Konstruktionsfunktion haben. Über das Abrollen der Abrollwürfel können alle Aufgaben konstruktiv richtig gelöst werden.
Der Anspruch an die Schulung des räumlichen Vorstellungsvermögens fällt dann allerdings eher gering aus.

Die Kinder erfahren bei der Bearbeitung der Aufgaben im Arbeitsheft durch ein hohes Maß selbstständigen entdeckenden Lernens und über das breit gefächerte, qualitative Differenzierungsangebot, welche Lernfortschritte sie im Bereich des räumlichen Vorstellungsvermögens erleben. Manchmal geht es schon im Kopf, manchmal müssen die Arbeits- und Lernmittel helfen.

Viel Spaß und Erfolg beim „Entdeckenden Lernen am Würfel“ wünscht der Mildenberger Verlag.

Einen Würfel aus Quadratflächen herstellen

Die Quadratflächen aus der Beilage 1 werden herausgetrennt und mit einem Klebestreifen über die Kanten zusammengeklebt.

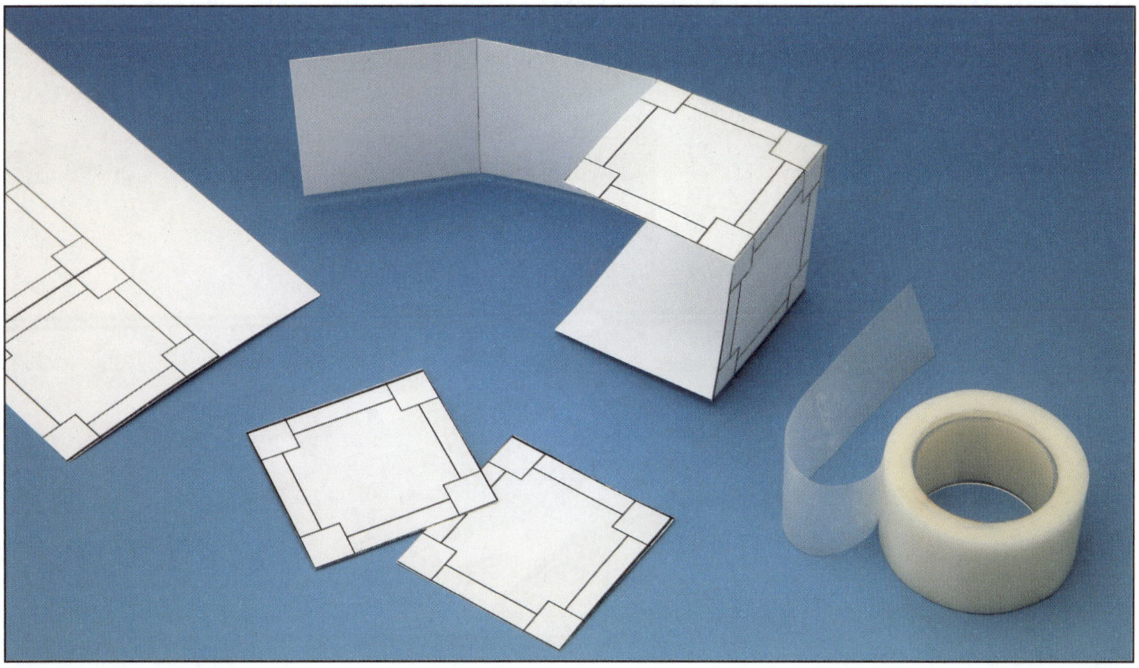

So sieht der fertige Würfel aus.

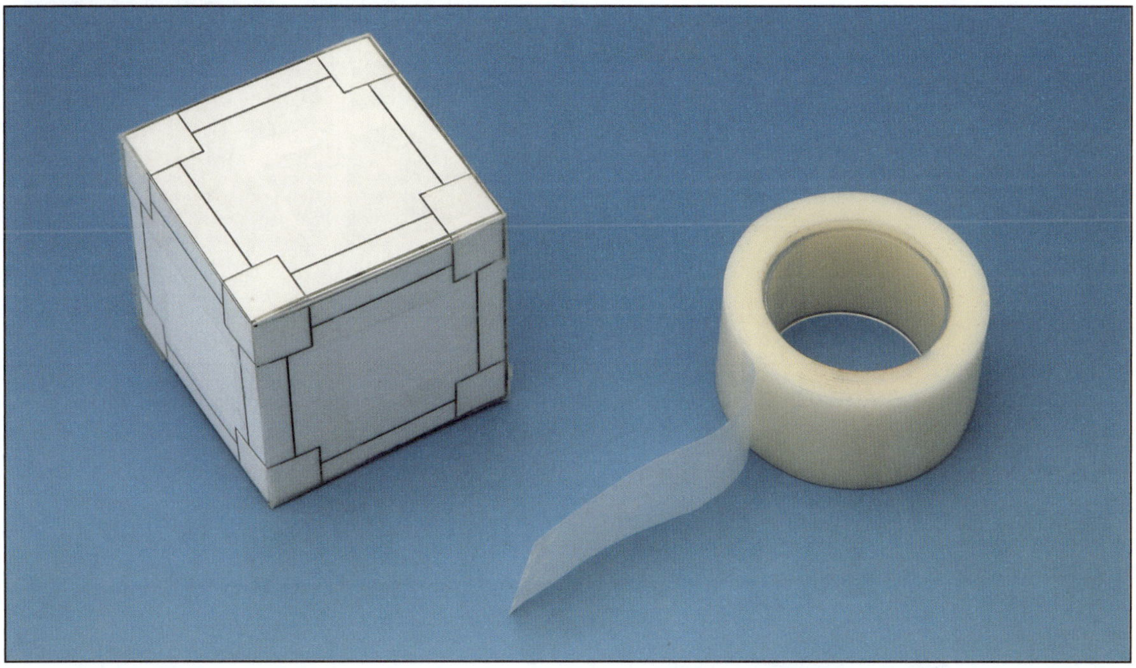

Der Würfel hat ______ Flächen.

Der Würfel hat ______ Kanten.

Der Würfel hat ______ Ecken.

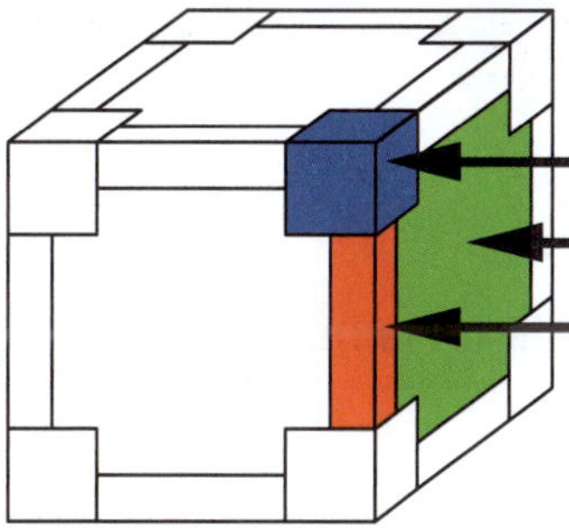

Aus Ecken und Kanten ein Kantenmodell herstellen

Die Ecken und Kanten aus den Beilagen 2 (Blatt 1 und 2) werden herausgetrennt.
Die Ecken werden am Pfeil eingeschnitten und mit einem Klebestift zusammengeklebt.
Die Kantenteile werden in der Mitte gefaltet und in die Ecken eingeklebt.

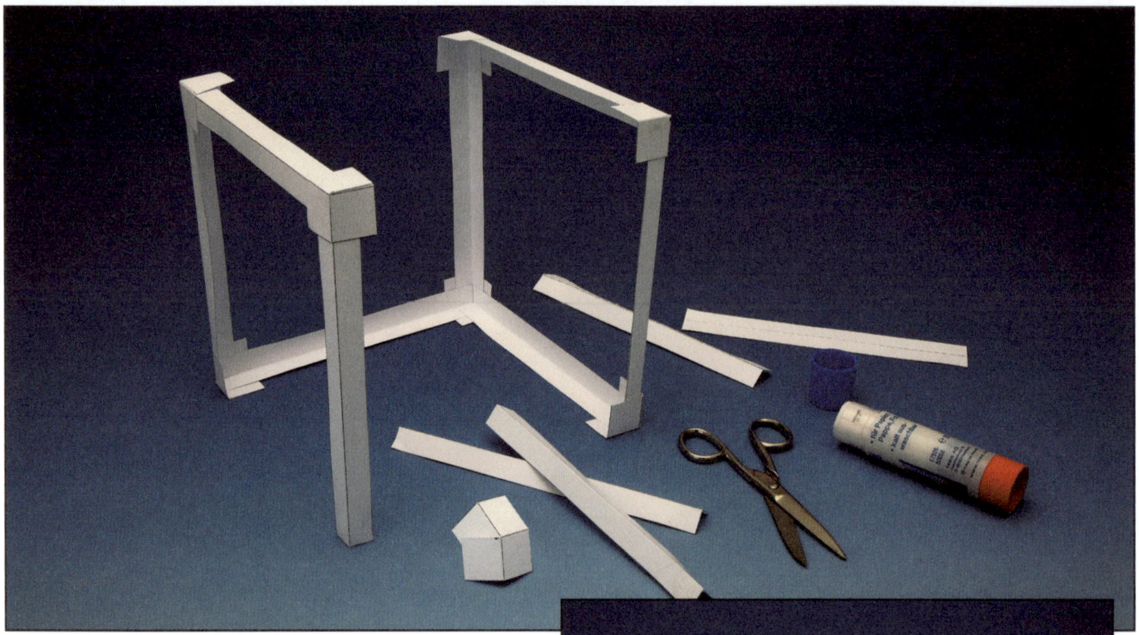

So sieht das fertige Kantenmodell aus.

Das Kantenmodell wird zusammengebaut. Jedes Mal, wenn eine neue Kante hinzugekommen ist, haben wir ein Foto gemacht.
Kannst du die Fotos richtig ordnen?

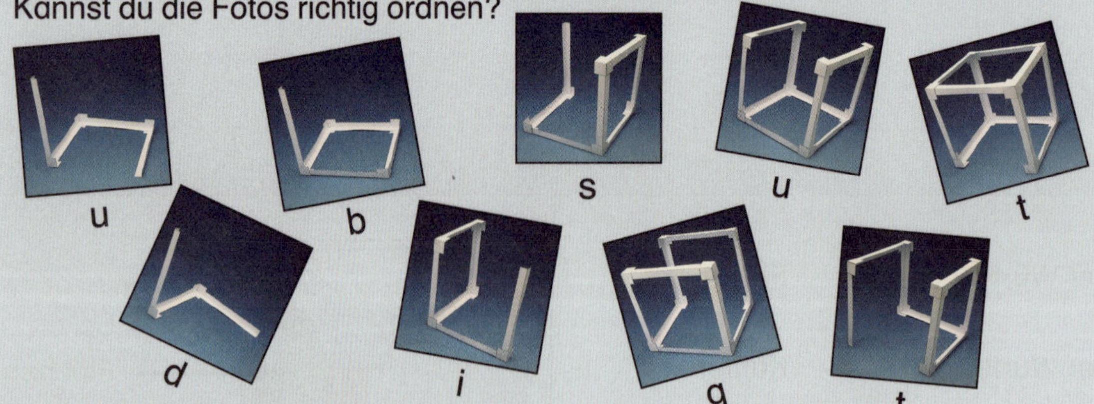

u b s u t d i g t

Schreibe die richtige Reihenfolge auf.

Würfelnetze finden und aufzeichnen

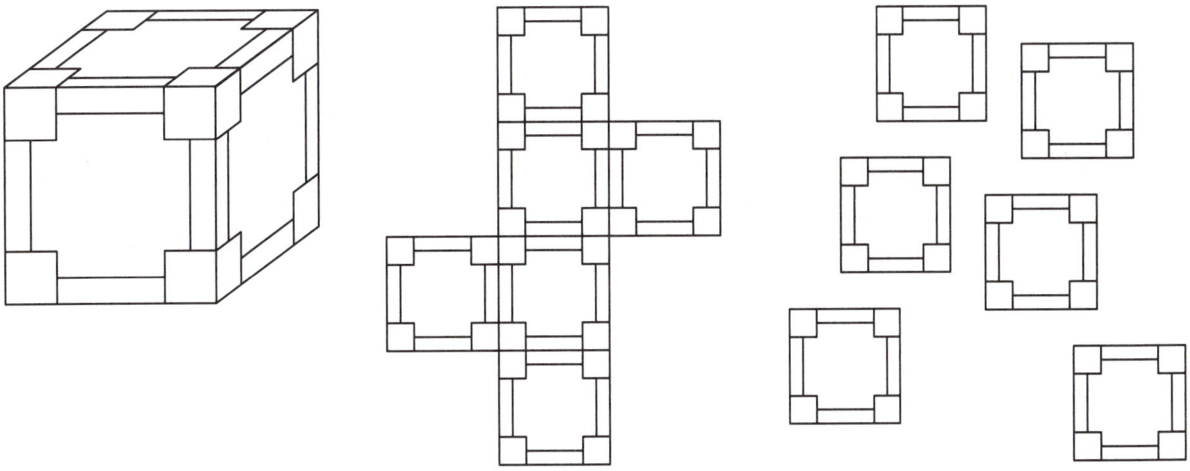

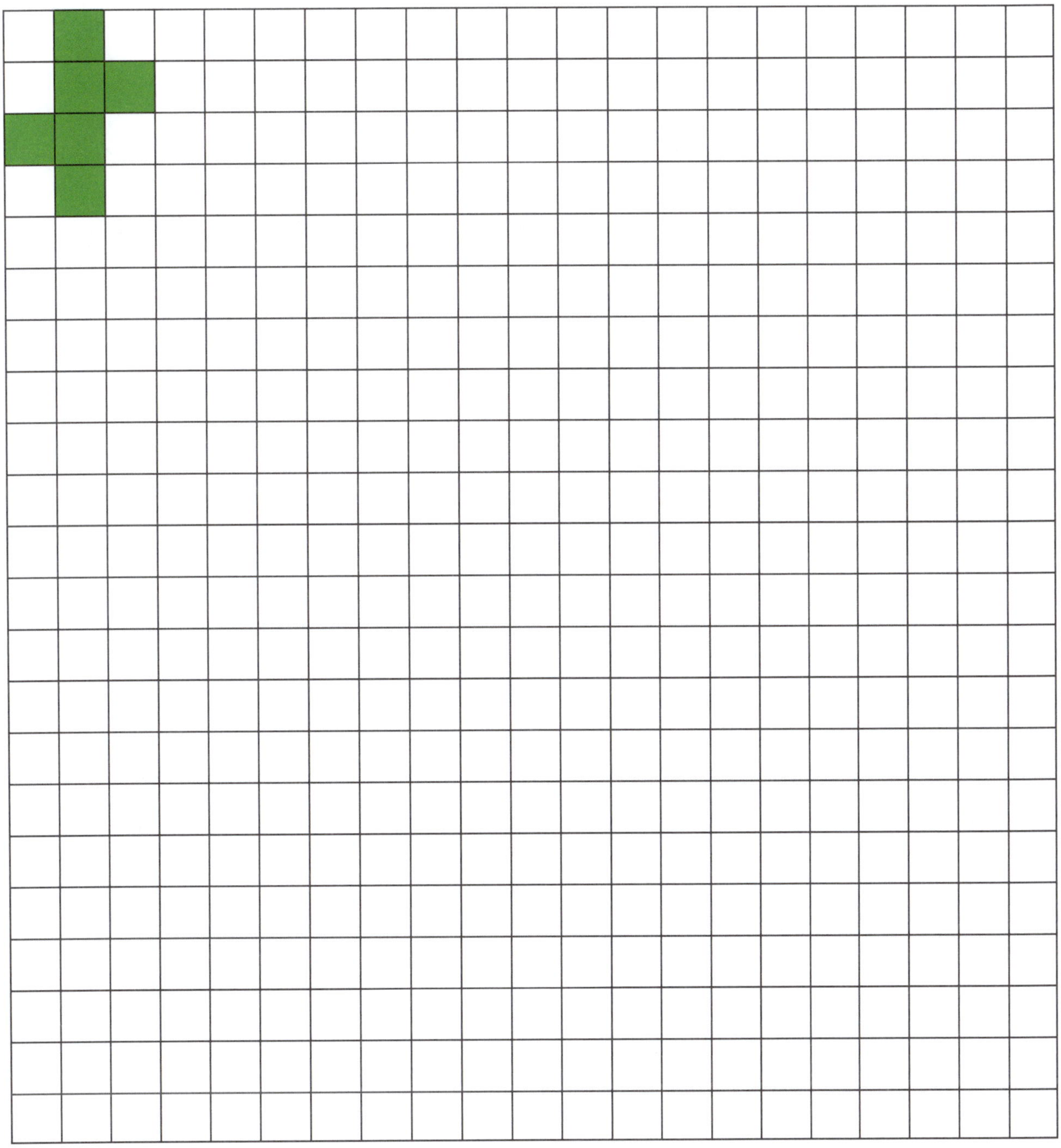

Gleiche Würfelnetze mit gleicher Farbe einfärben

Würfel – ja oder nein?

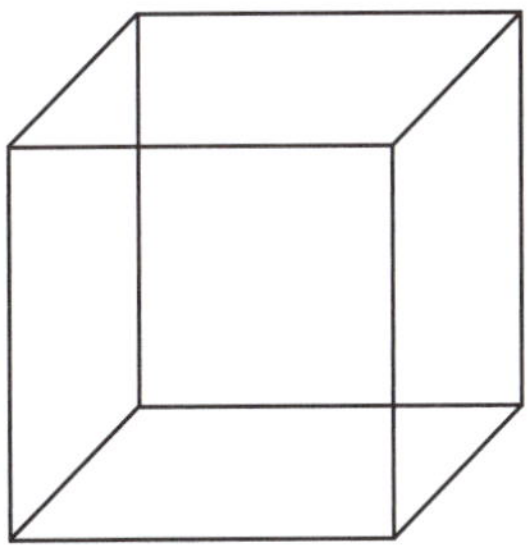

☒ ja
☐ nein

☐ ja
☒ nein

☐ ja
☐ nein

☐ ja
☐ nein

☐ ja
☐ nein

☐ ja
☐ nein

☐ ja
☐ nein

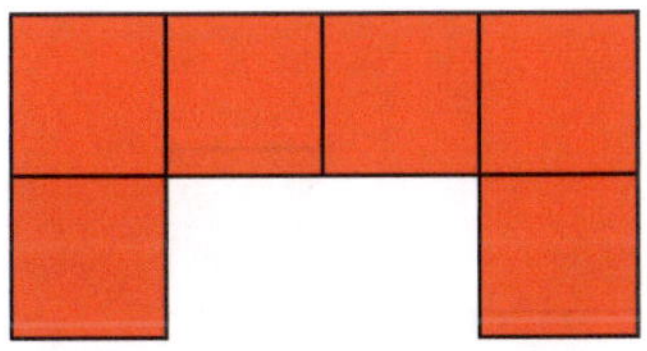

☐ ja
☐ nein

☐ ja
☐ nein

☐ ja
☐ nein

☐ ja
☐ nein

Eine Fläche fehlt im Würfelnetz

Zeichne die fehlende rote Fläche in das Würfelnetz.

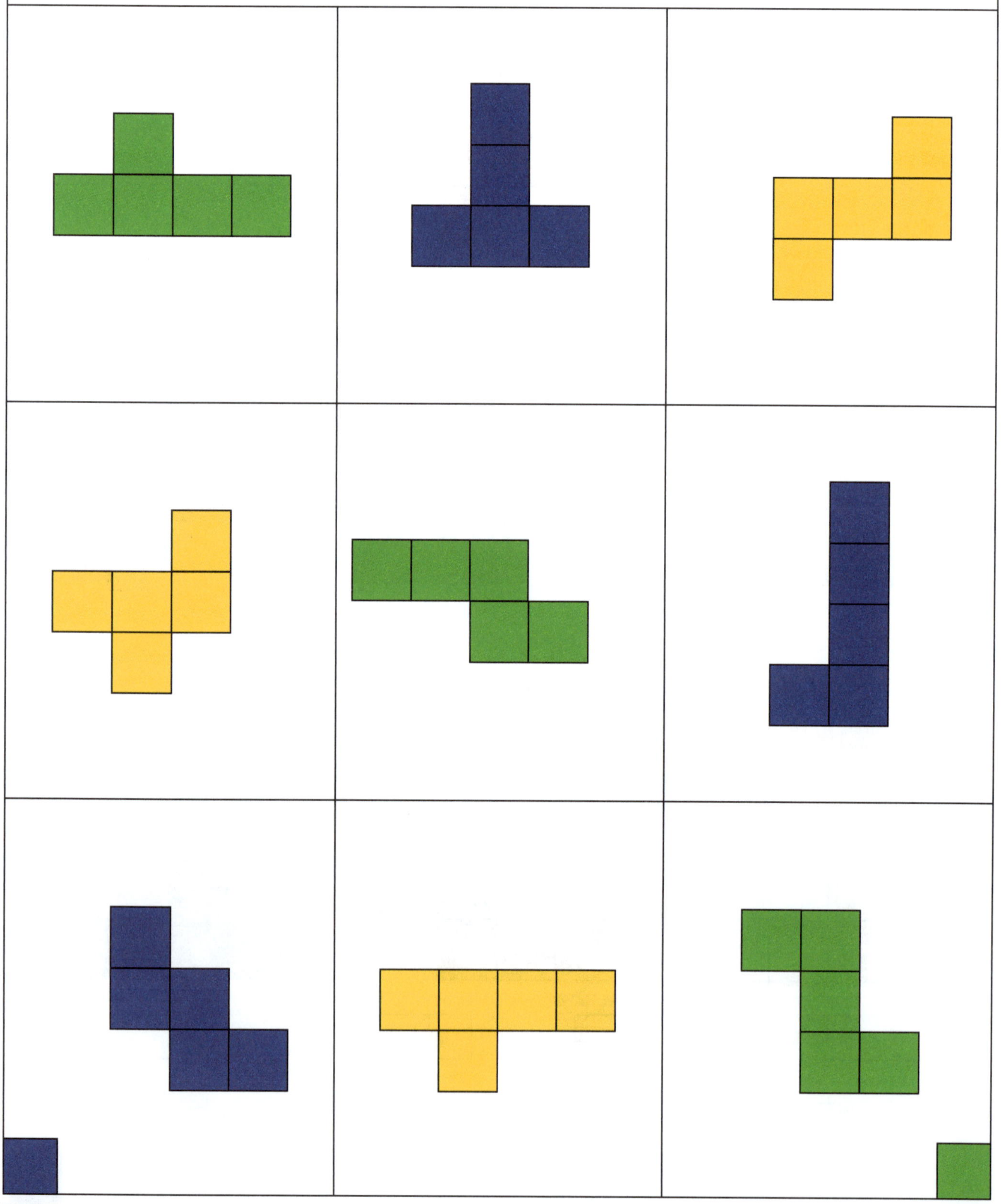

Eine Fläche fehlt im Würfelnetz

4 Möglichkeiten, einen Deckel an der Kiste zu befestigen.

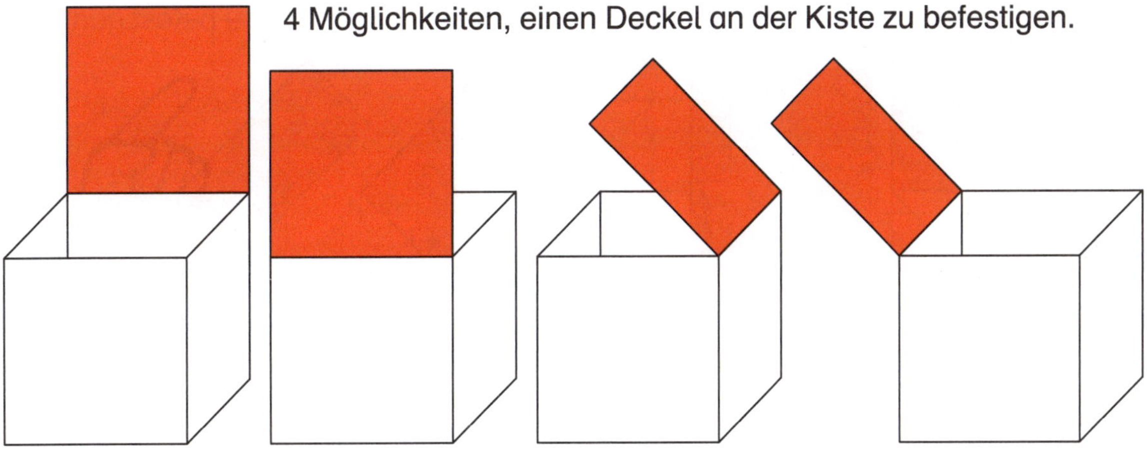

Zeichne alle Möglichkeiten ein:

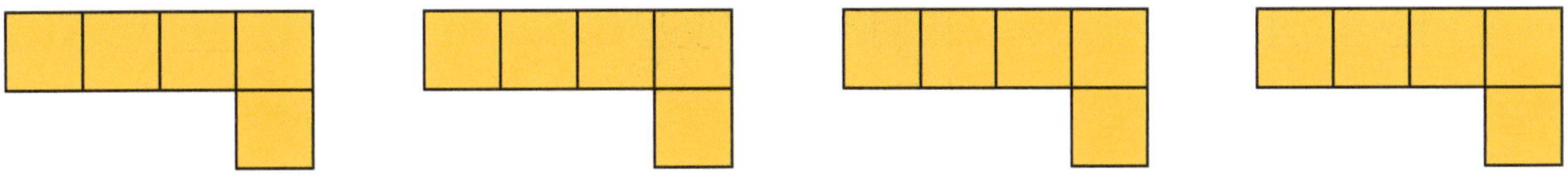

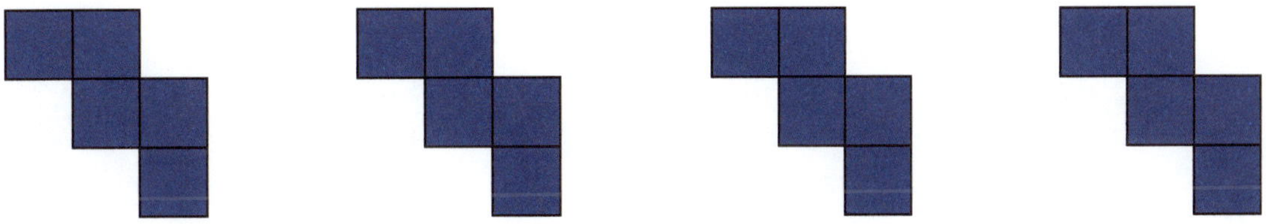

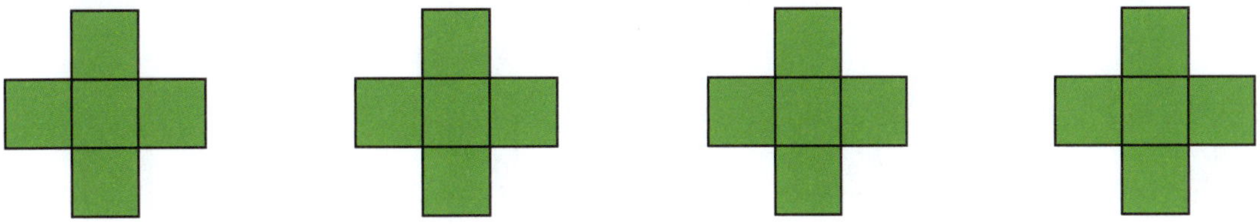

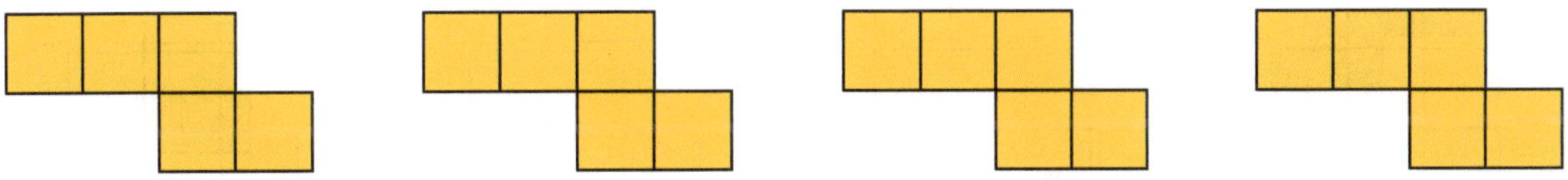

Eine Fläche fehlt im Würfelnetz

4 Möglichkeiten, einen Deckel an der Kiste zu befestigen.

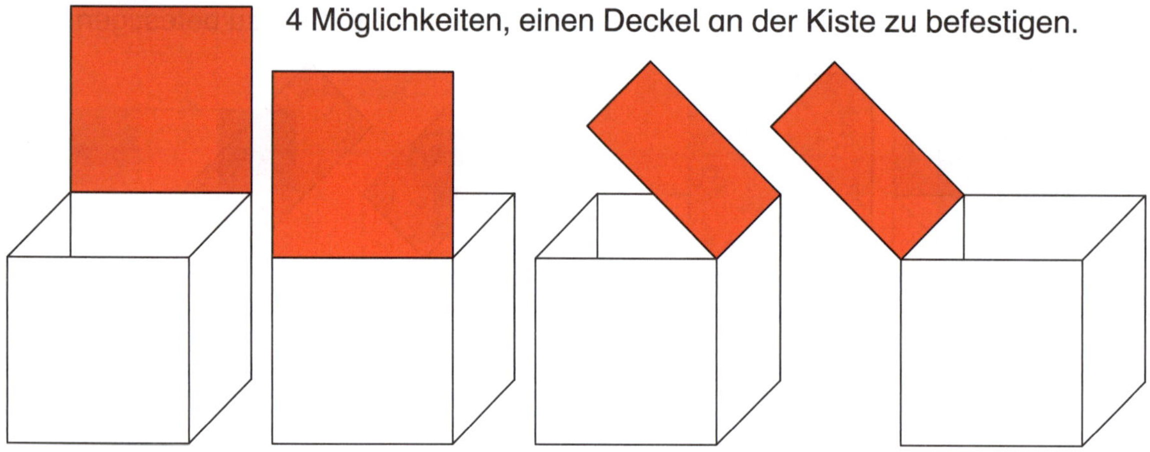

Zeichne alle Möglichkeiten ein:

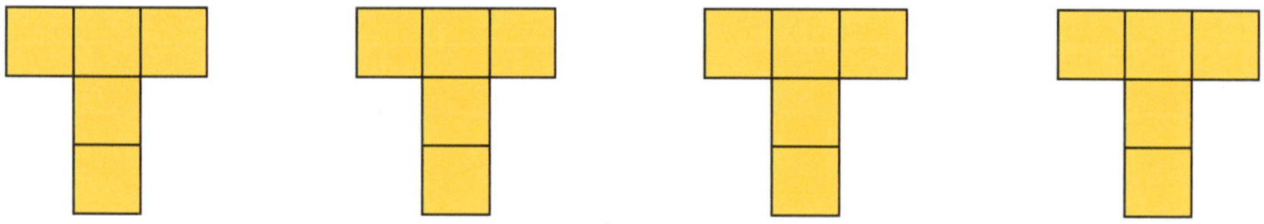

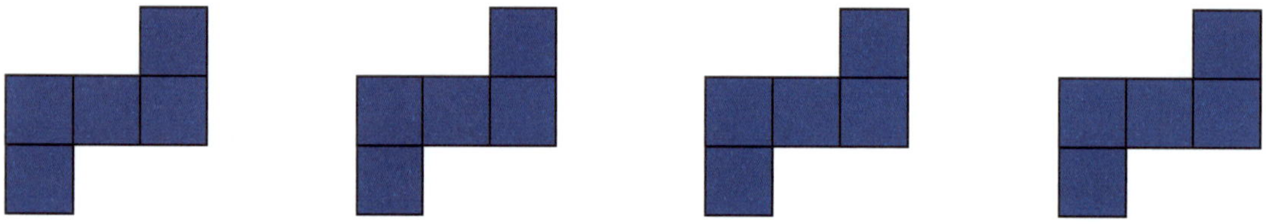

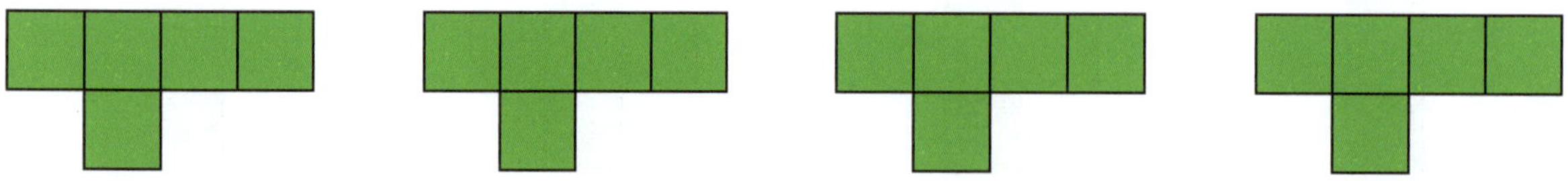

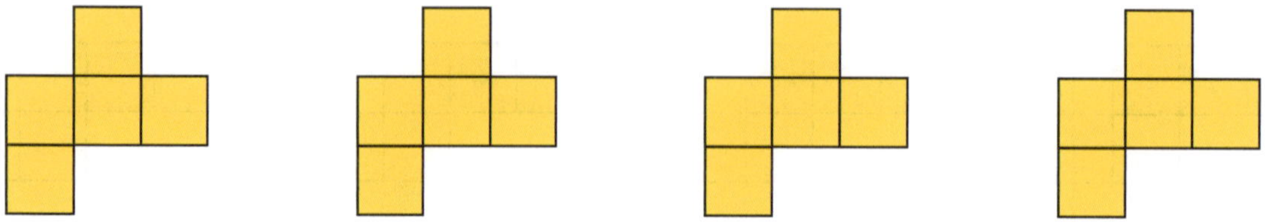

Gegenüberliegende Flächen

Färbe die gegenüberliegende Fläche ebenfalls blau ein.

Benachbarte Flächen

Alle zur roten Fläche benachbarten Flächen werden gelb eingefärbt.

Übungen mit dem Abrollwürfel

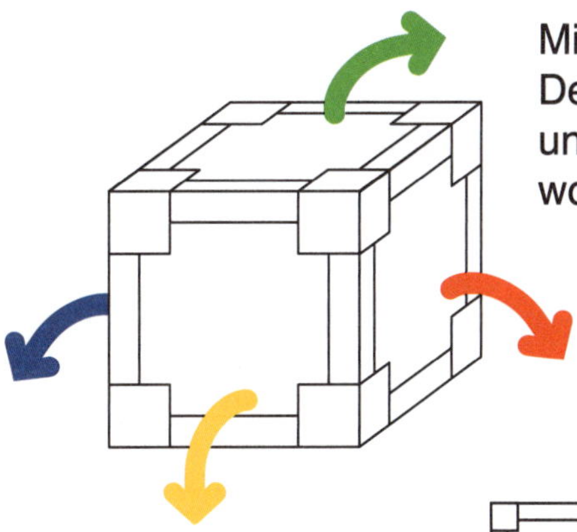

Mit einem Abrollwürfel kann man Würfelnetze finden. Den Würfel kann man nach hinten, nach vorne, nach rechts und nach links kippen. Wenn jede Fläche einmal unten war, dann hat man ein Würfelnetz gefunden.

so **oder** so

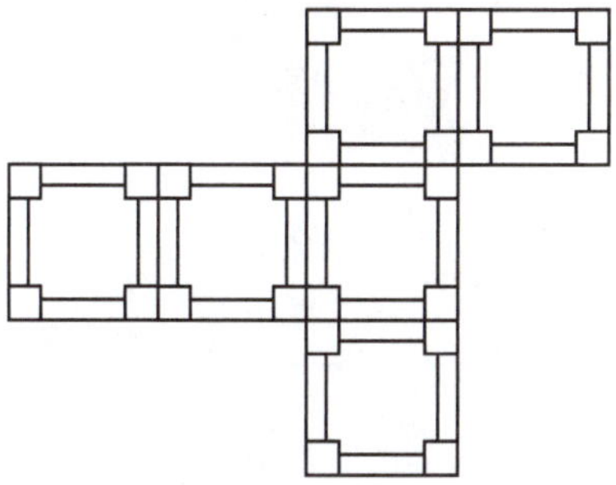

Wir bauen einen Abrollwürfel für gegenüberliegende Flächen.
Zwei gegenüberliegende Flächen sind schwarz gefärbt, alle anderen sind weiß.
Dazu benötigen wir Beilage 4 Blatt 1 (gegenüberliegende Flächen).

1. Möglichkeit:
Wir legen die Quadratflächen so zusammen, dass zwei gegenüberliegende Flächen schwarz sind. Dann kleben wir das Würfelnetz mit Klebestreifen zu einem Würfel zusammen.

2. Möglichkeit:
Wir drehen die Quadratflächen um und ordnen die Flächen so wie im Bild an.
Dann kleben wir das Würfelnetz mit Klebestreifen zu einem Würfel zusammen.

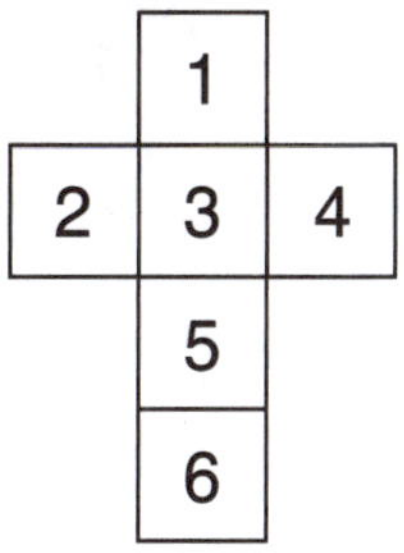

So sieht der Abrollwürfel für gegenüberliegende Flächen aus.

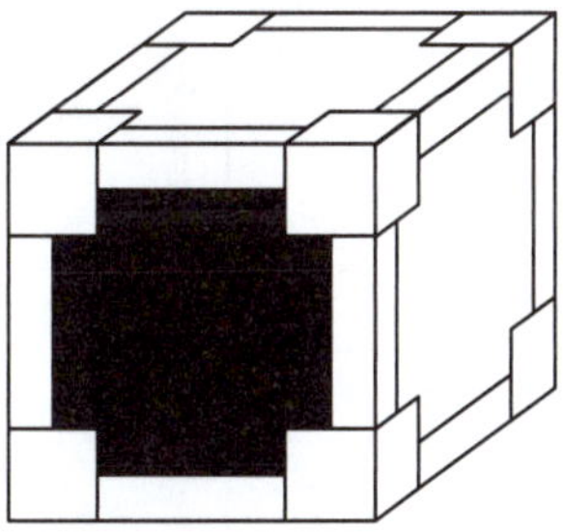

Finde mit diesem Abrollwürfel heraus, wo in den Würfelnetzen die gegenüberliegende Fläche ist und färbe sie schwarz.

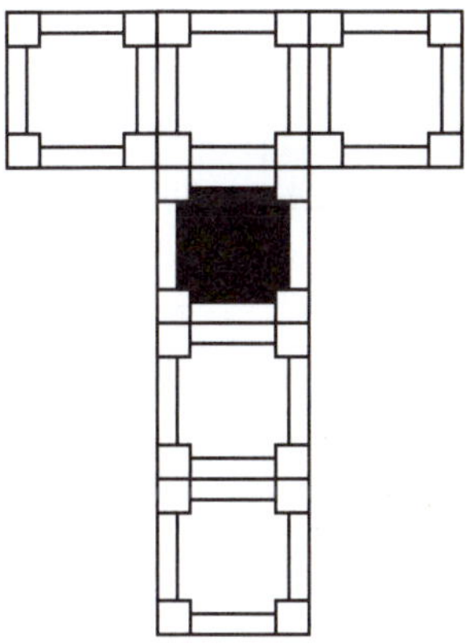

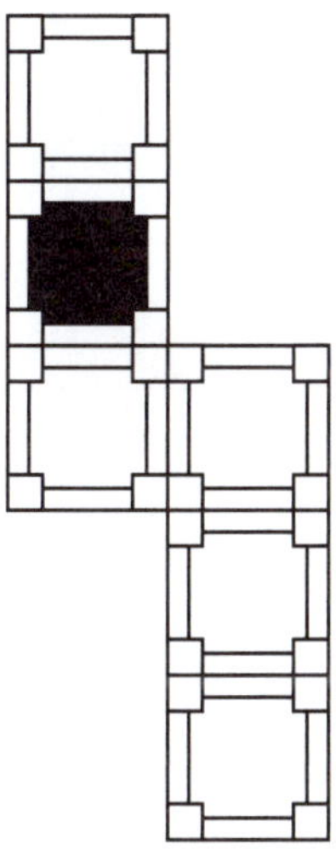

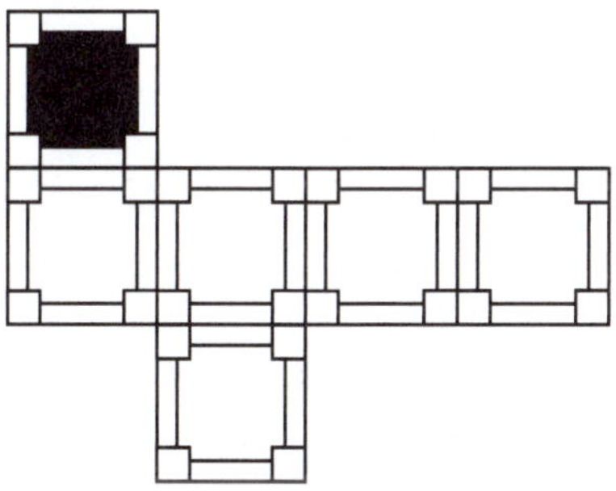

Gegenüberliegende Flächen

Die Spielkarten (gegenüberliegende Flächen) mischen und den Stapel verdeckt auf den Tisch legen.
Die Spielkarten werden aufgedeckt und auf dem Legeplan so abgelegt, dass die gegenüberliegenden Flächen die gleiche Farbe haben.

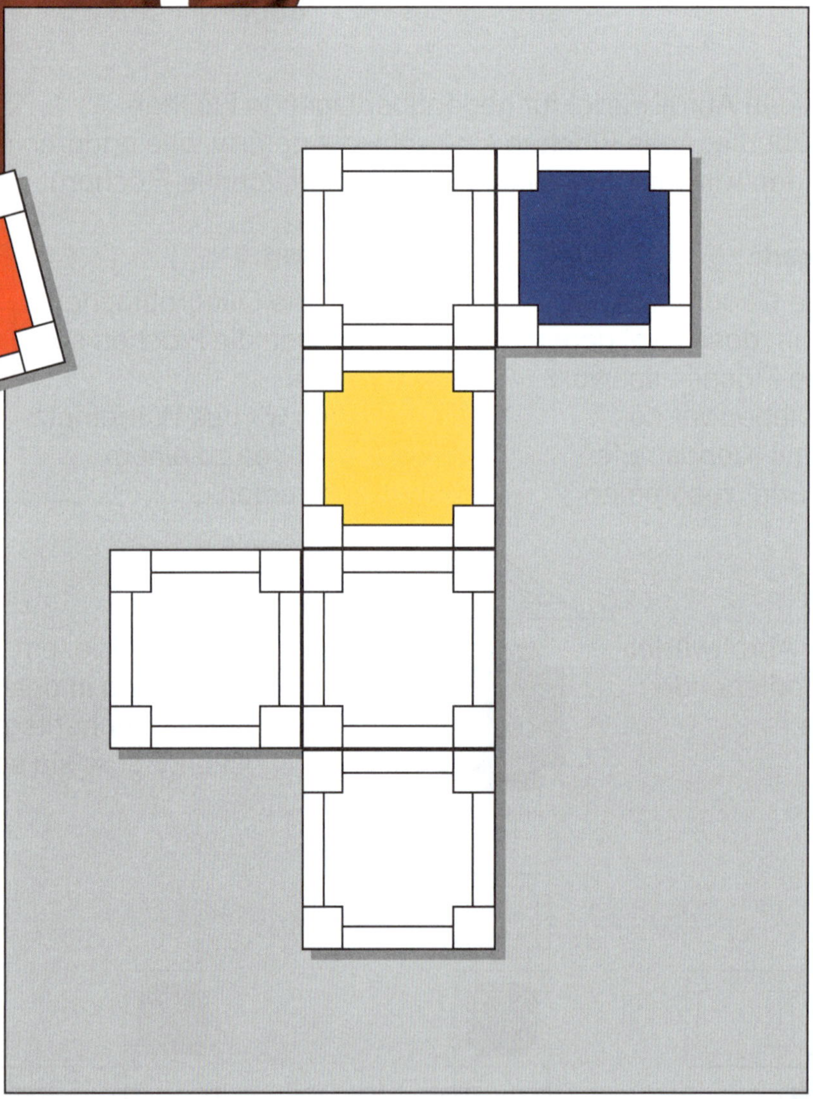

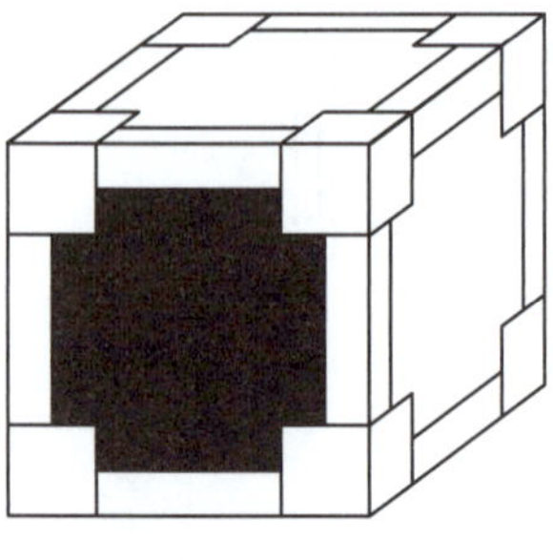

Mit dem Abrollwürfel kannst du kontrollieren.

Alle gegenüberliegenden Flächen

Färbe die gegenüberliegenden Flächen in gleicher Farbe.

Gegenüberliegende Flächen am Spielwürfel

Die Spielkarten (Würfelpunkte) mischen und den Stapel verdeckt auf den Tisch legen.
Die Spielkarten werden aufgedeckt und auf dem Legeplan so abgelegt, dass die gegenüberliegenden Flächen die gleiche Farbe haben.

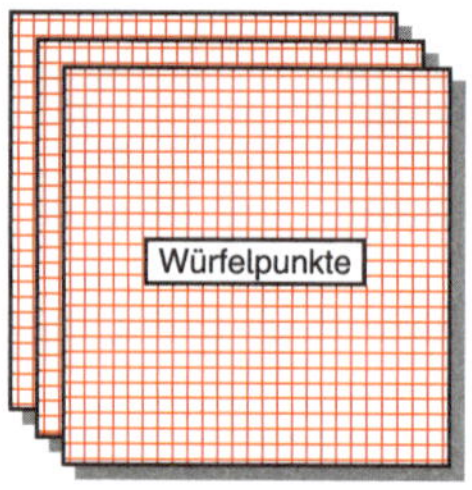

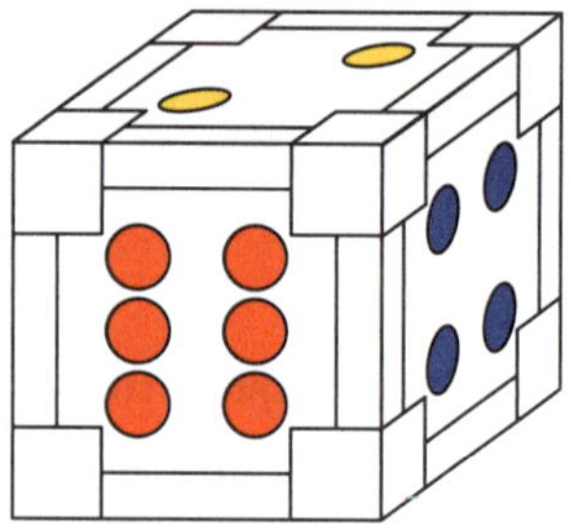

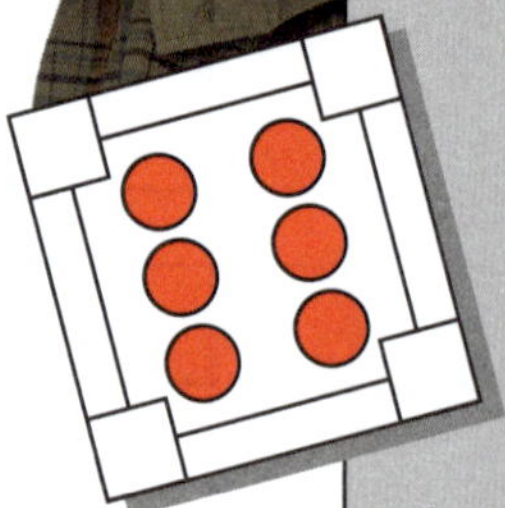

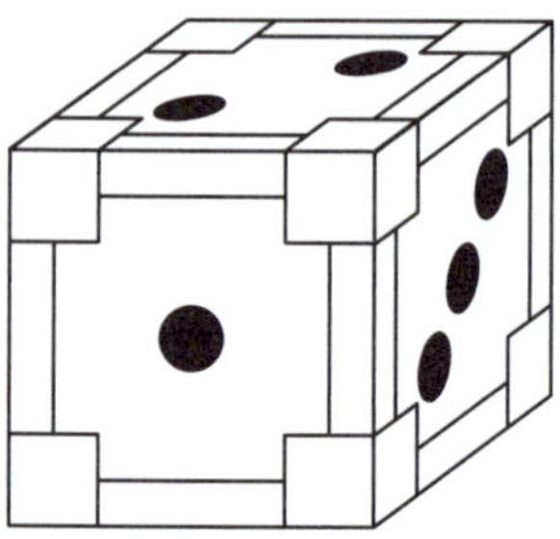

Mit dem Abrollwürfel kannst du kontrollieren.

Gegenüberliegende Flächen und Würfelpunkte

Beim Spielwürfel haben die gegenüberliegenden Flächen immer die Summe 7.
Zeichne richtig ein!

Kanten am Würfel und im Würfelnetz

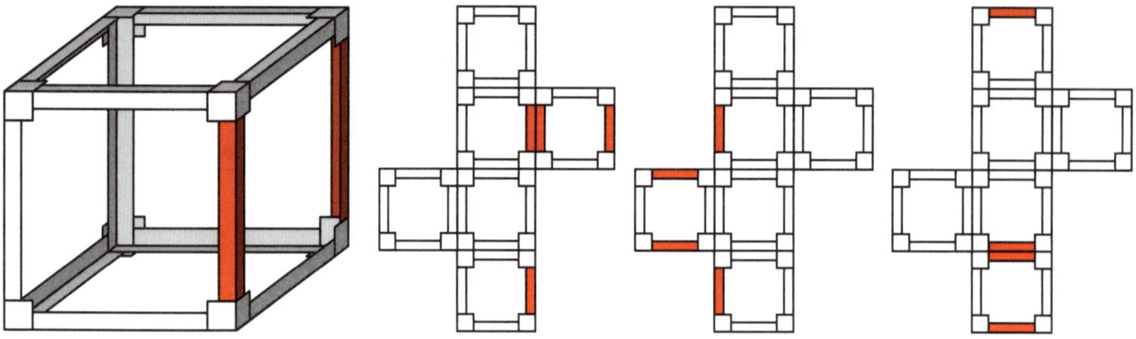

Wo können diese Kanten im Würfelnetz sein?
Finde immer drei verschiedene Möglichkeiten.

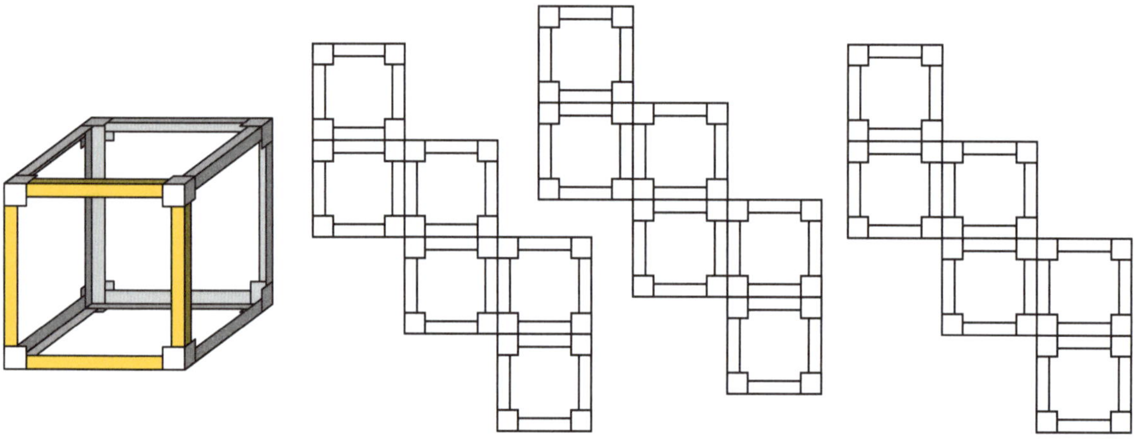

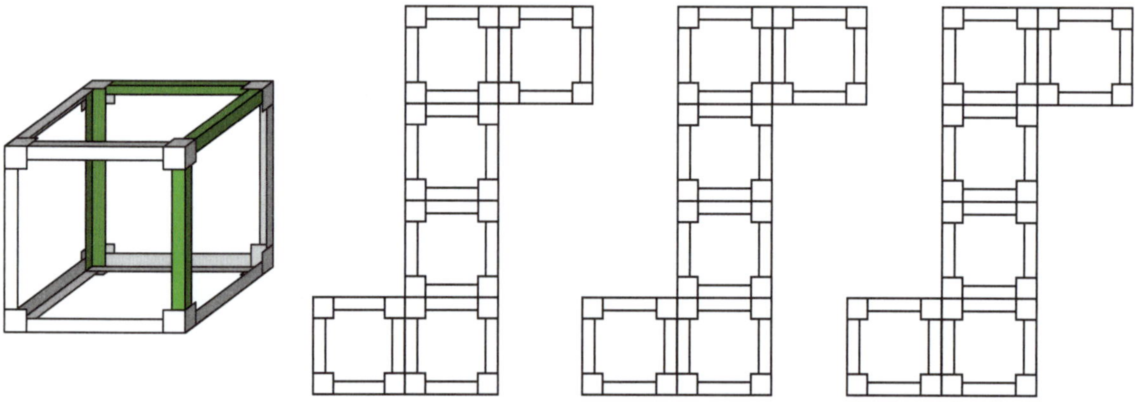

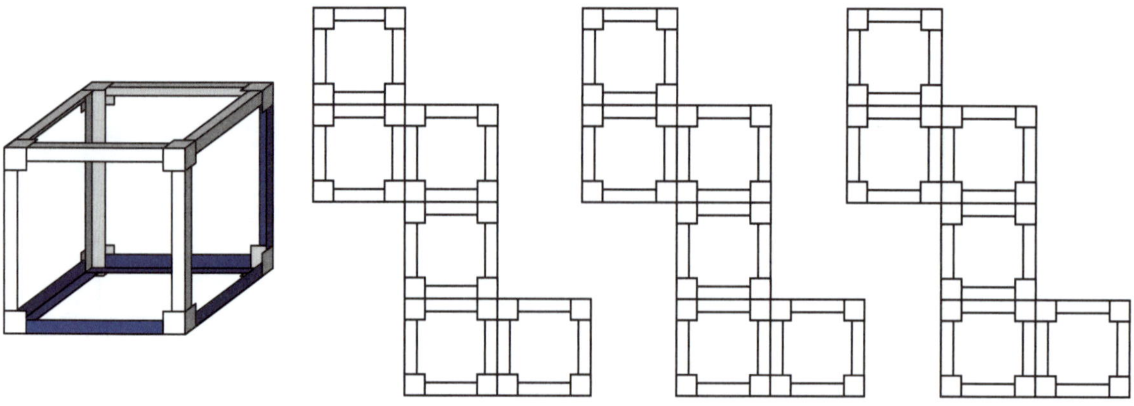

Kanten am Würfel

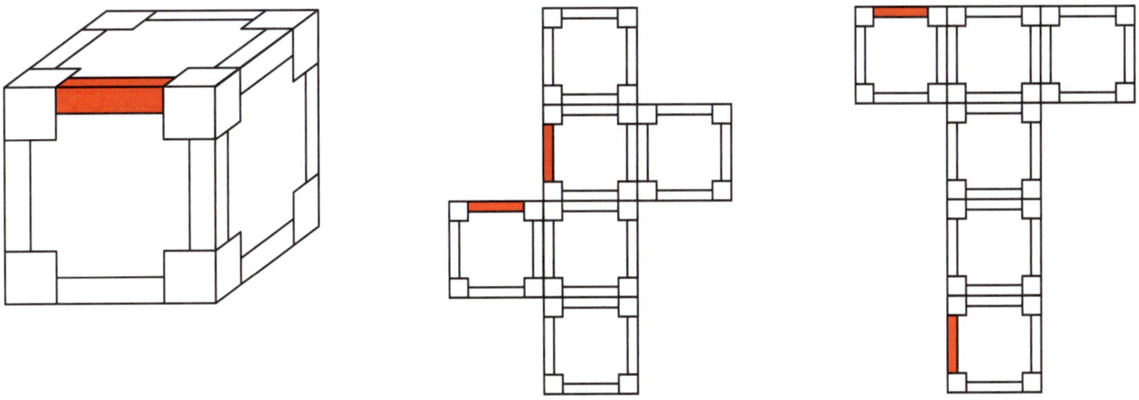

Finde den anderen Teil der roten Kante und färbe ihn ebenfalls rot.

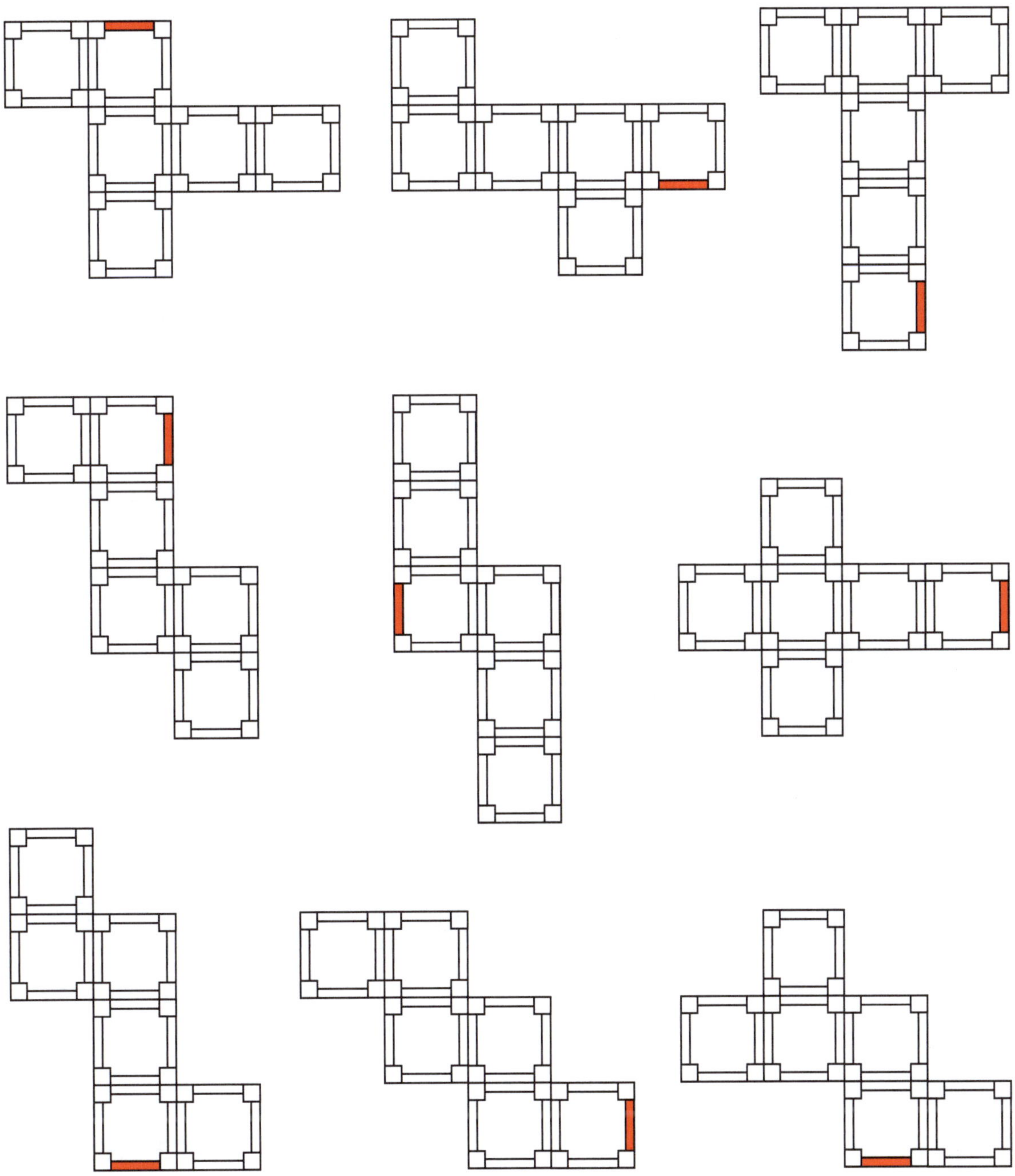

Alle Kanten am Würfel

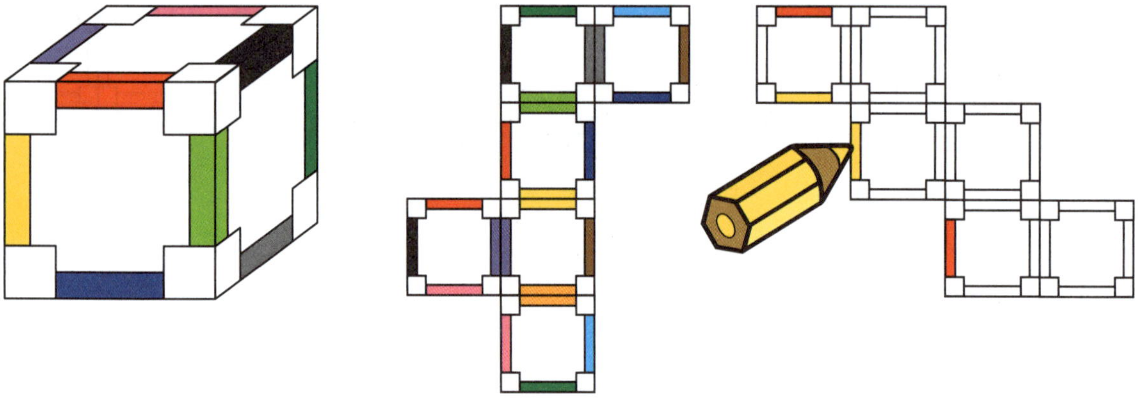

Hier sollen alle 12 Kanten des Würfels richtig eingefärbt werden.
Für jede Kante brauchst du eine andere Farbe.

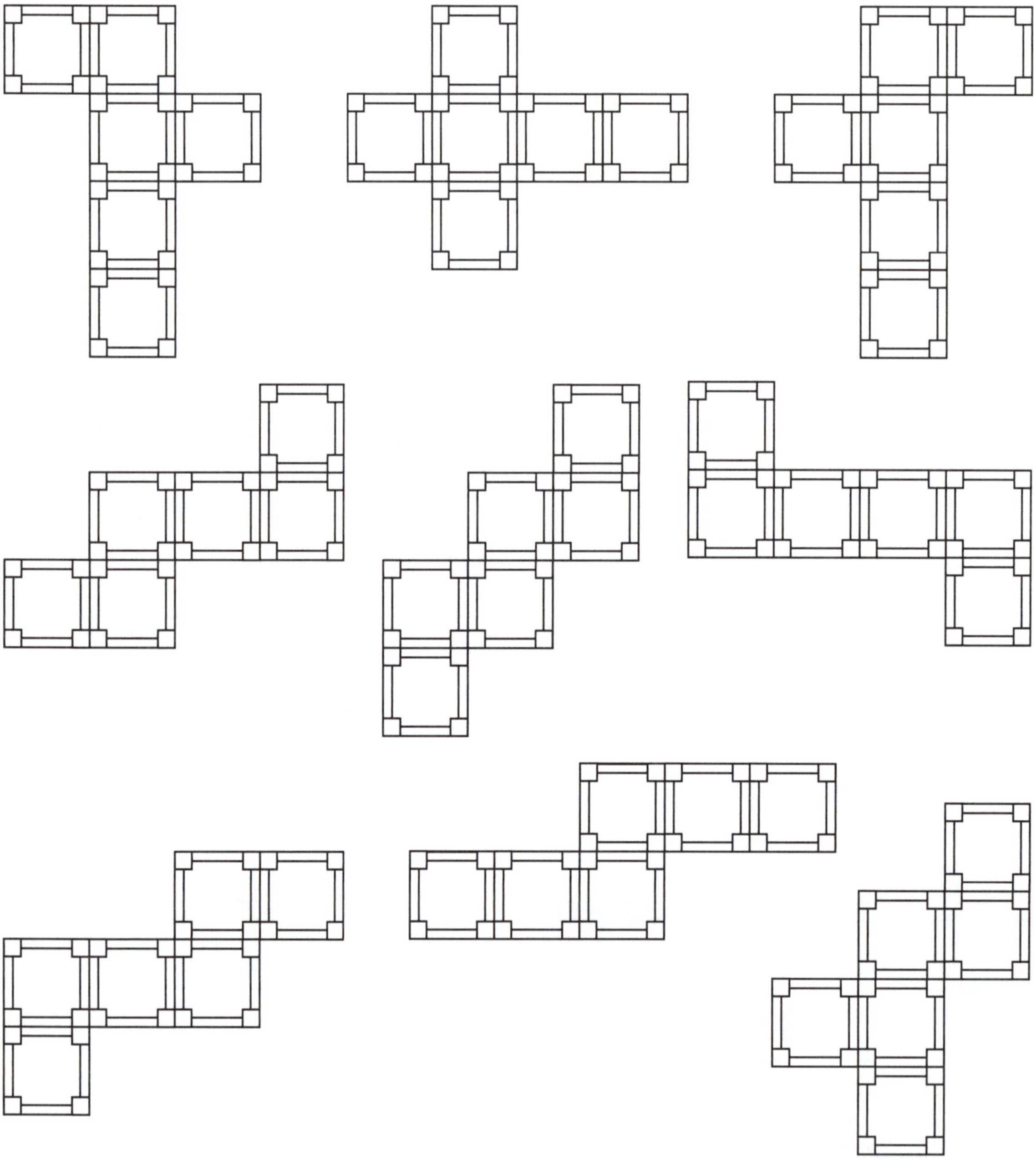

Parallele Kanten am Würfel

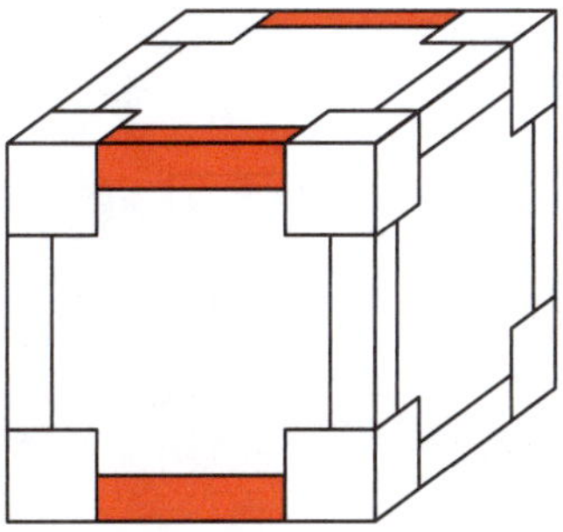

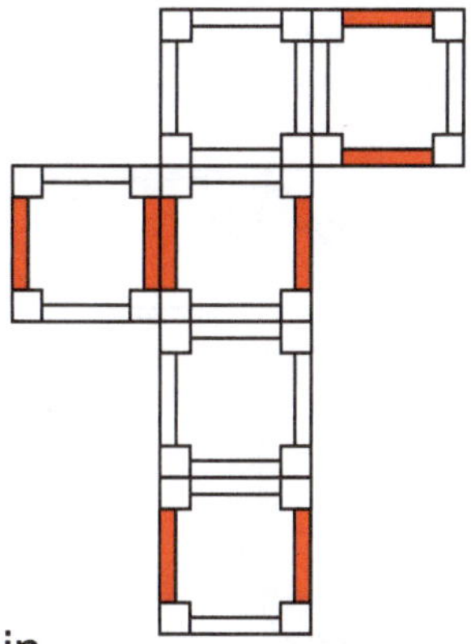

Wo sind die parallelen Kanten im Würfelnetz? Färbe sie rot ein.

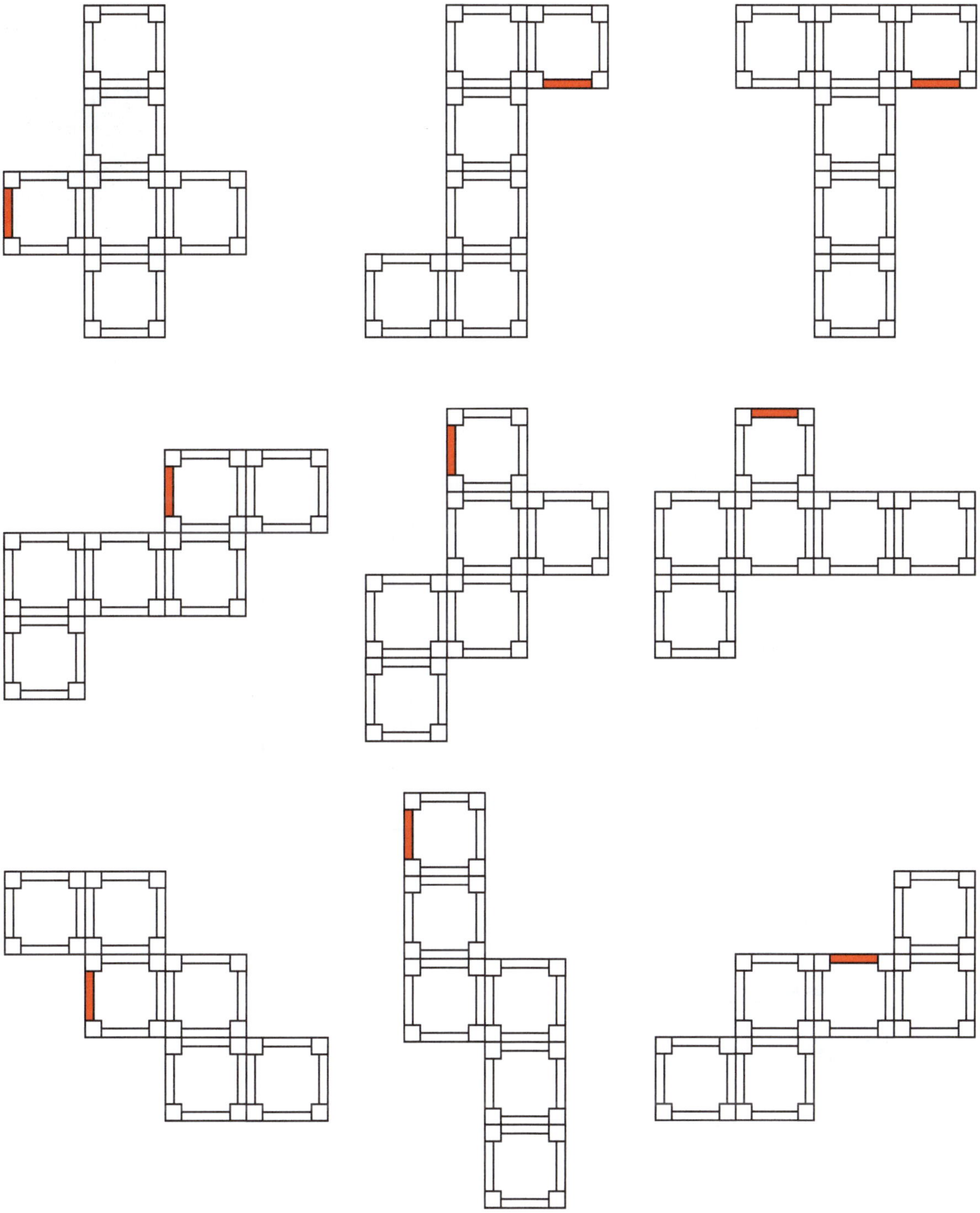

Alle parallelen Kanten

Parallele Kanten haben die gleiche Farbe. Lege die Spielkarten (parallele Kanten) richtig auf dem Legeplan ab.

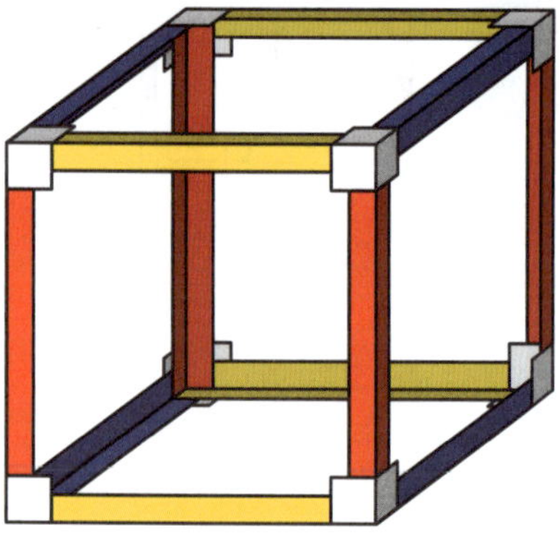

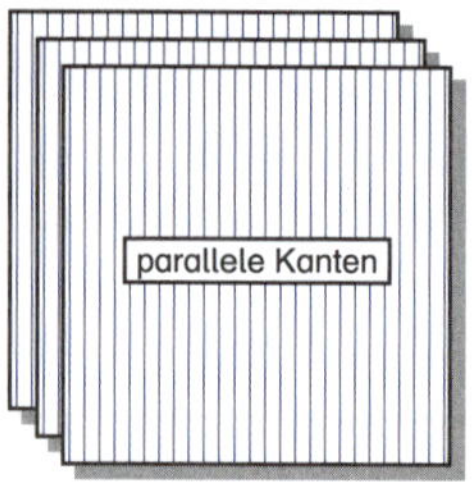

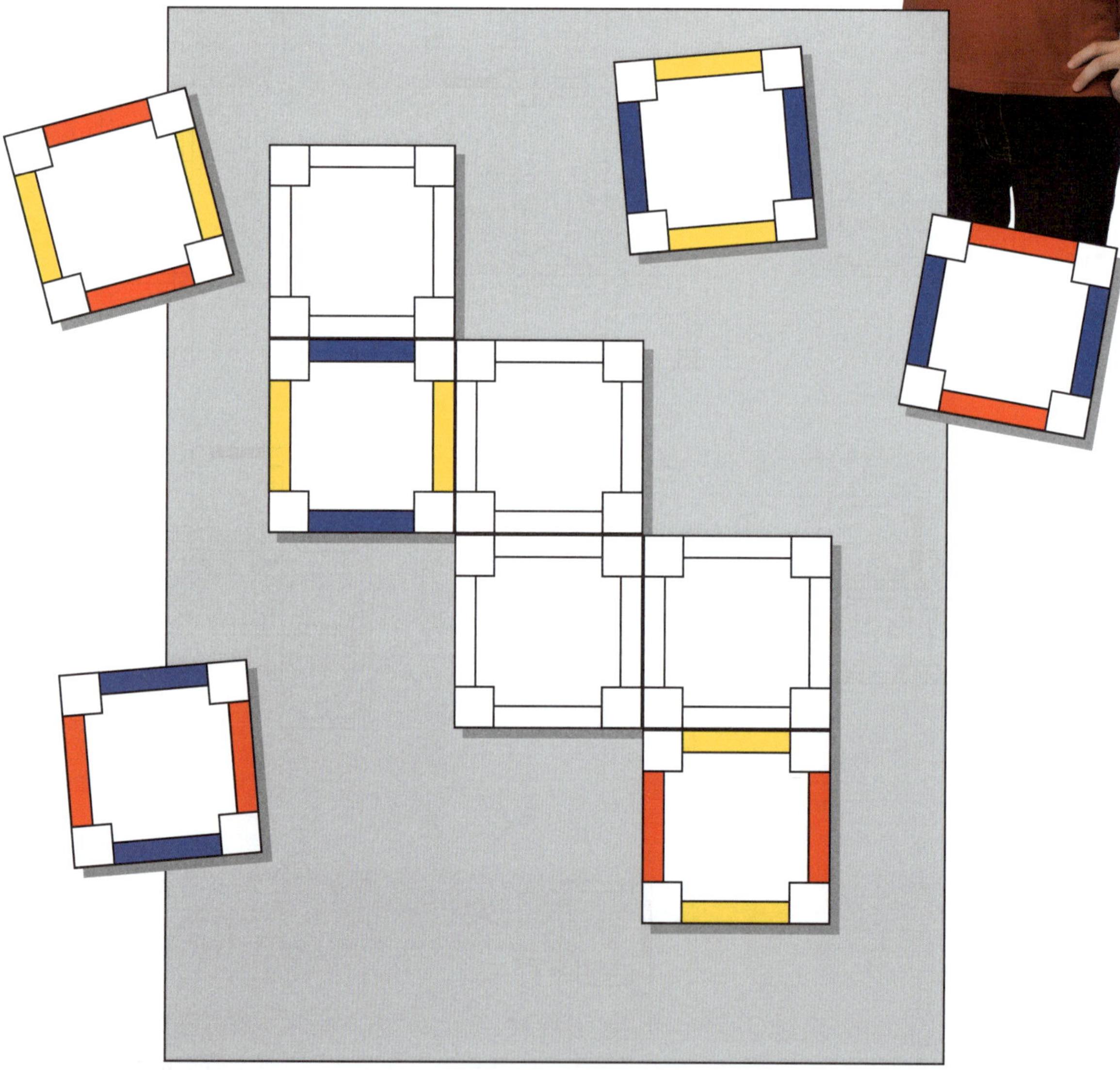

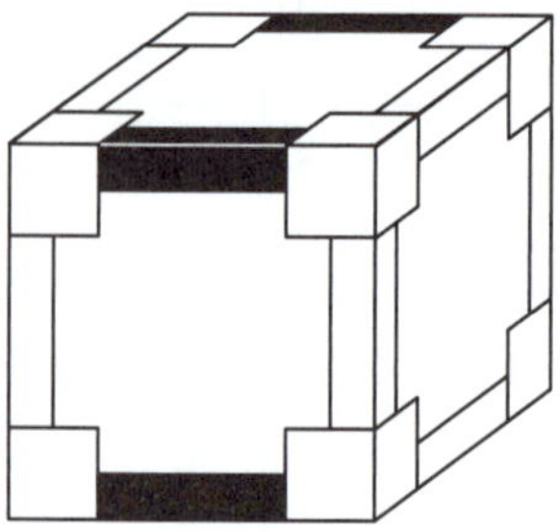

Mit dem Abrollwürfel kannst du kontrollieren.

Alle parallelen Kanten am Würfel

Färbe die Kanten der Würfelnetze richtig ein.

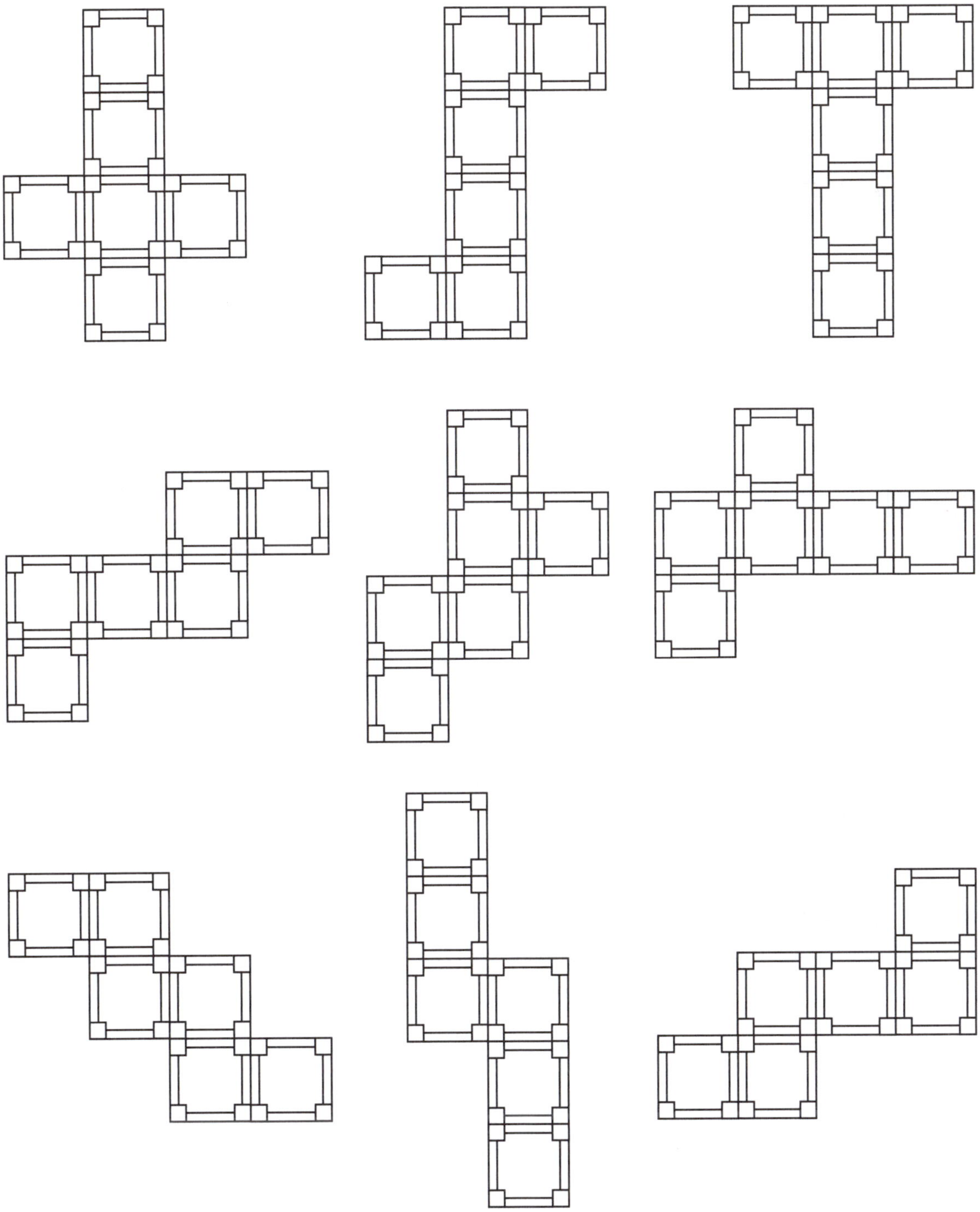

Bänder am Kantenmodell

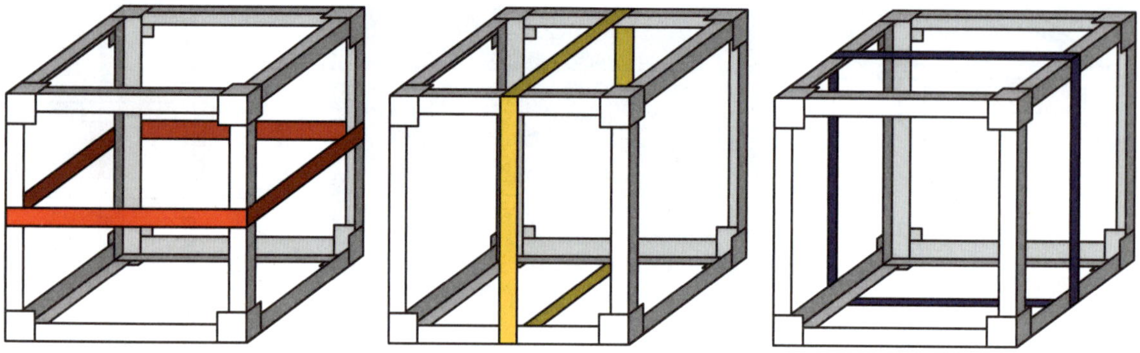

so **oder** so **oder** so

Zeichne die Bänder richtig ein:

Gegenüberliegende Flächen

Die Spielkarten (ein Würfelband) werden auf dem Spielplan so abgelegt, dass das rote Band über die parallelen Kanten verläuft.

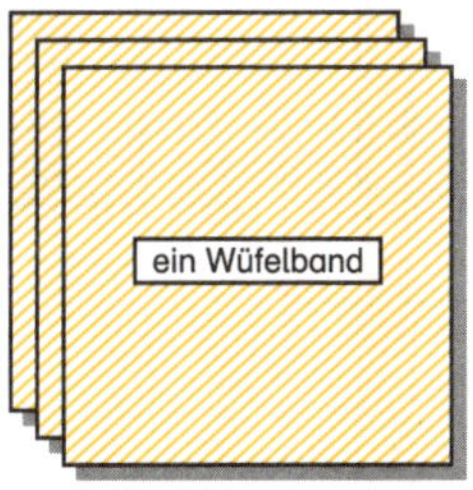

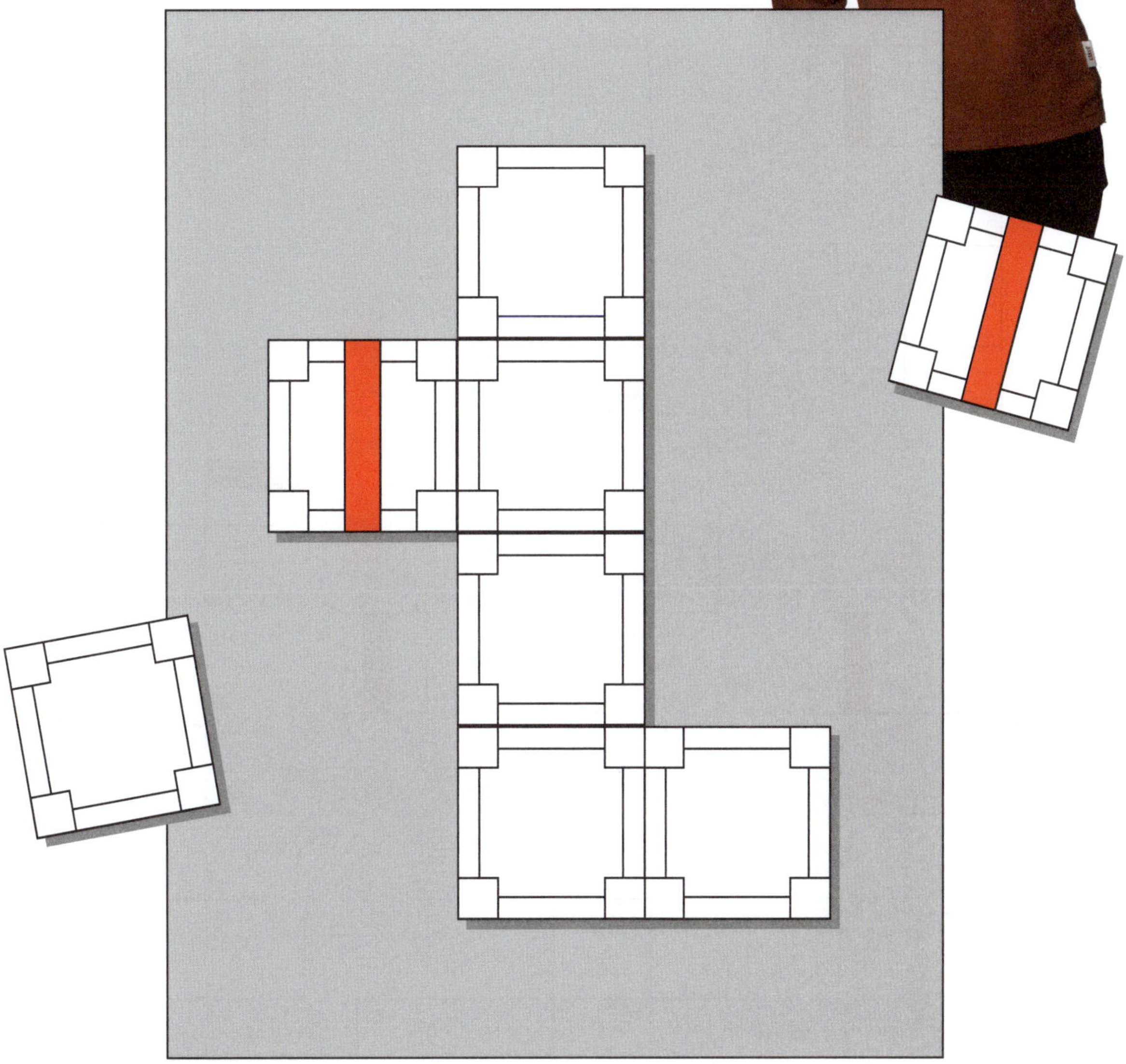

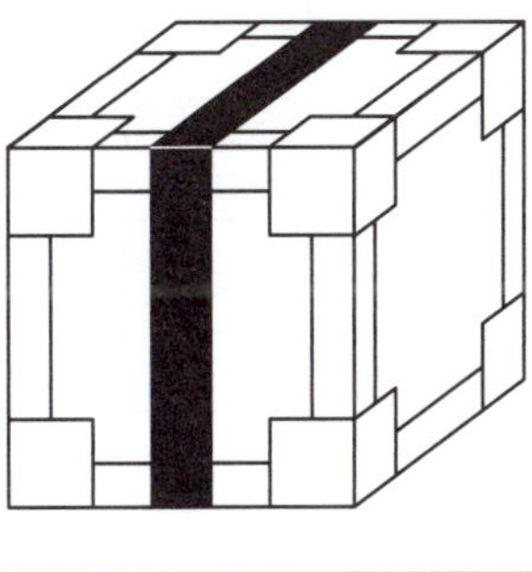

Mit dem Abrollwürfel kannst du kontrollieren.

Ein Band um einen Würfel

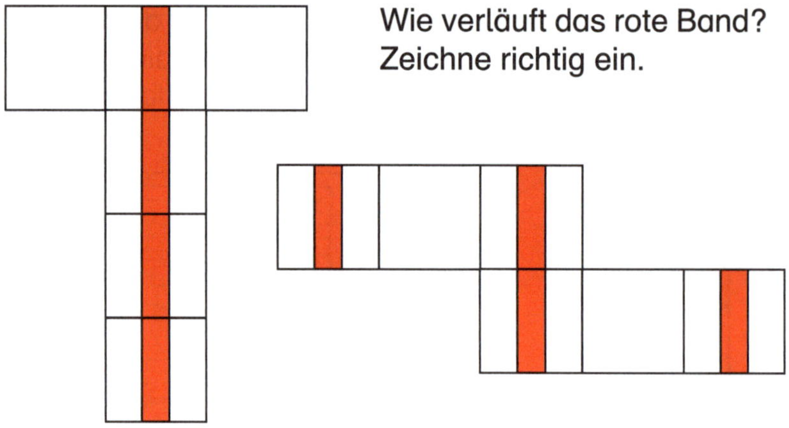

Wie verläuft das rote Band?
Zeichne richtig ein.

Zwei Bänder um einen Würfel

Die Spielkarten (zwei Würfelbänder) mischen und den Stapel verdeckt auf den Tisch legen. Die Spielkarten werden nacheinander aufgedeckt und auf dem Legeplan abgelegt.

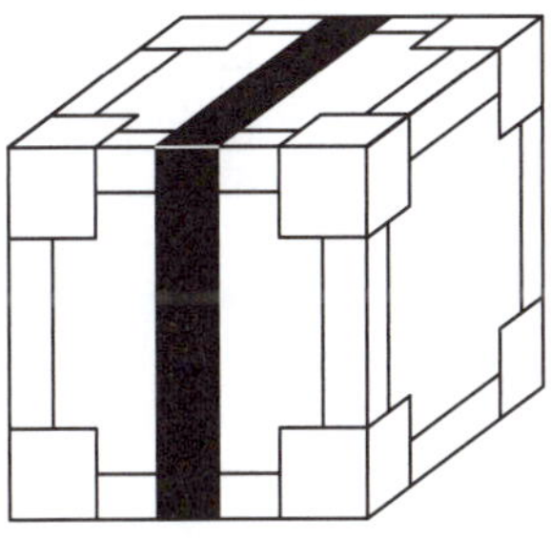

Mit dem Abrollwürfel kannst du kontrollieren.

Zwei Bänder um einen Würfel

Zeichne das rote und das gelbe Band richtig ein.

Drei Bänder um einen Würfel

Die Spielkarten (drei Würfelbänder) mischen und den Stapel verdeckt auf den Tisch legen. Die Spielkarten werden nacheinander aufgedeckt und auf dem Legeplan abgelegt.

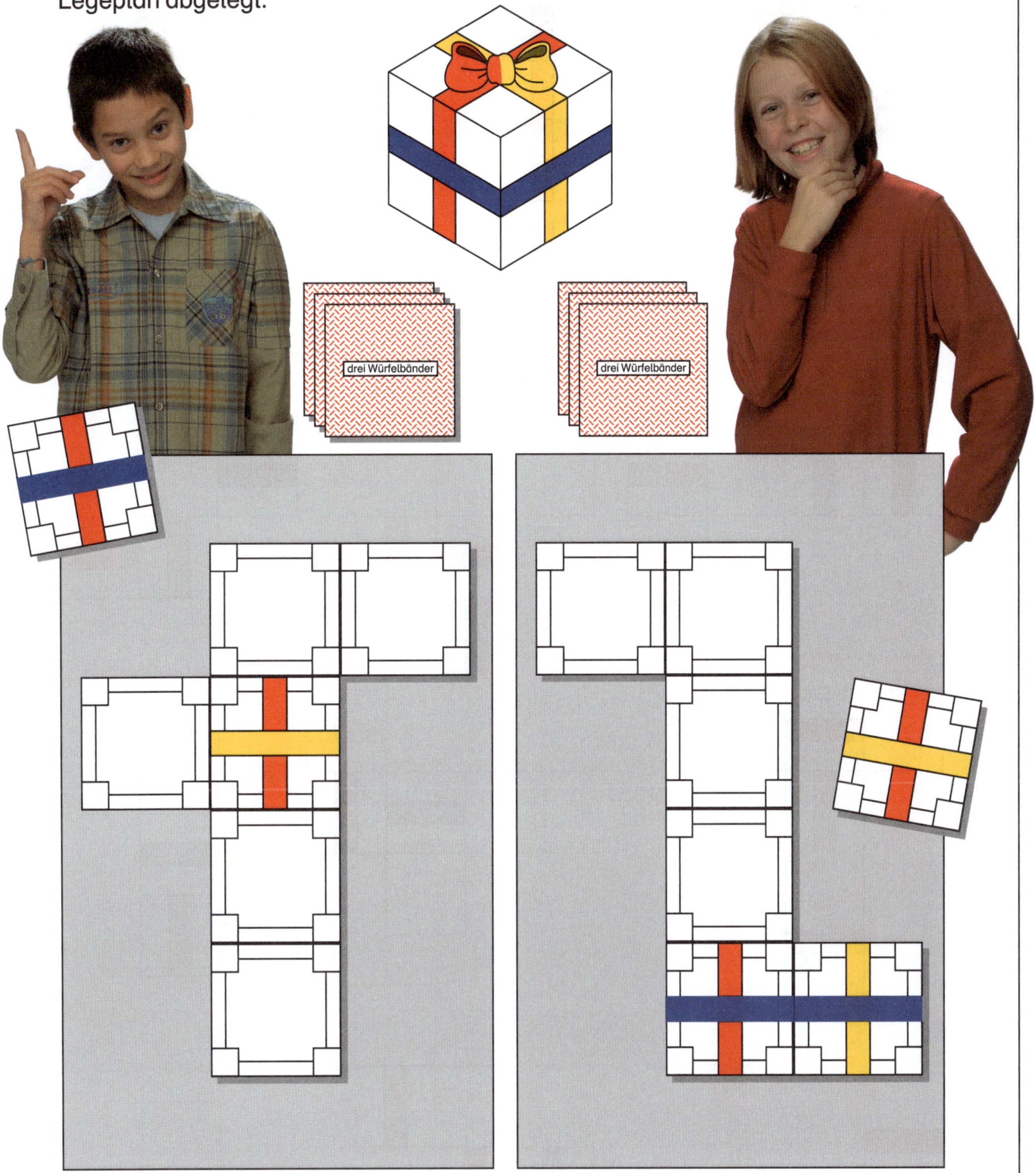

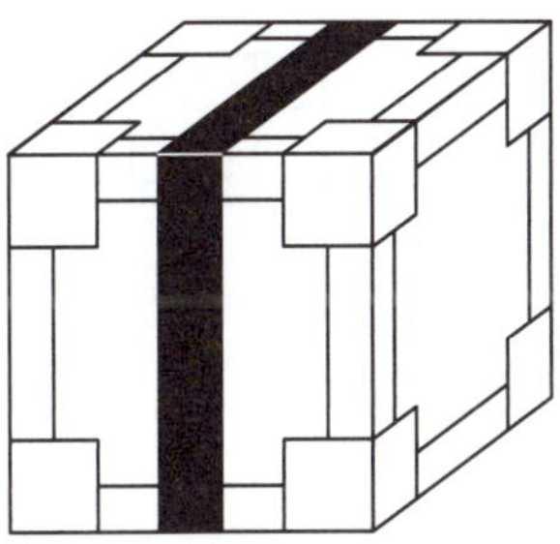

Mit dem Abrollwürfel kannst du kontrollieren.

Drei Bänder um einen Würfel

Zeichne alle drei Bänder richtig ein.

Ecken finden mit dem Abrollwürfel

Zu jeder Ecke gehören immer
3 Flächen und 3 Kanten.
Finde mit dem Abrollwürfel auch
die anderen Ecken und färbe jede
Ecke mit einer anderen Farbe.

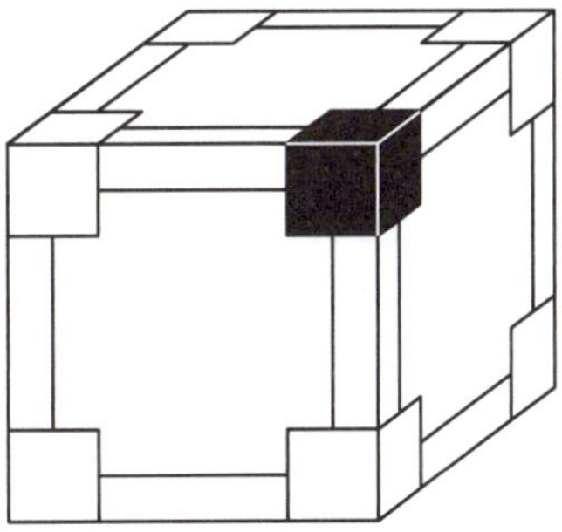

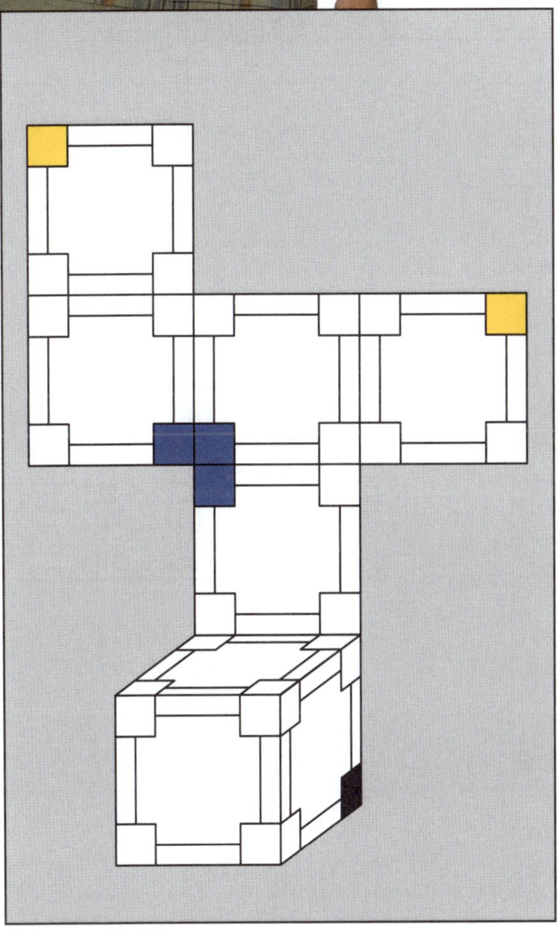

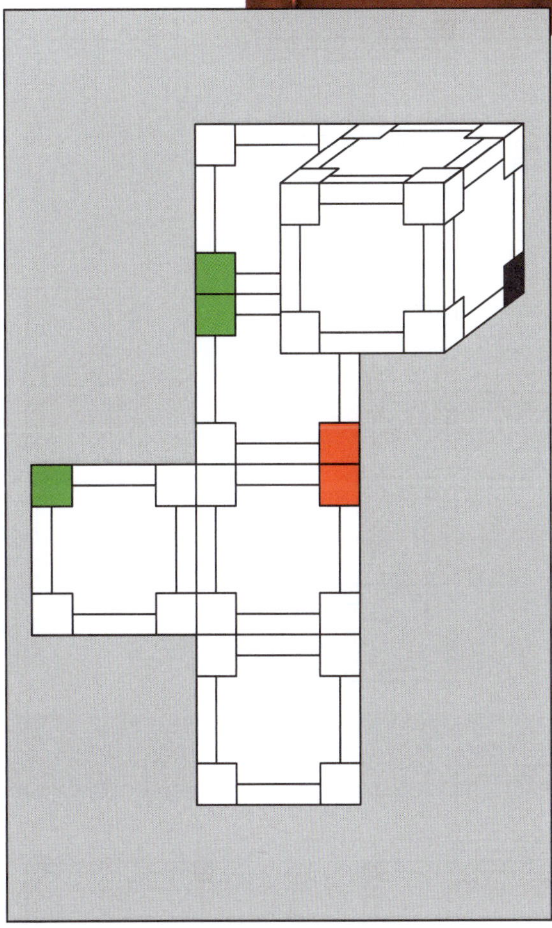

Hier wird mit dem Abrollwürfel die gelbe Ecke gesucht.

Hier wird mit dem Abrollwürfel die rote Ecke gesucht.

Eine Würfelecke

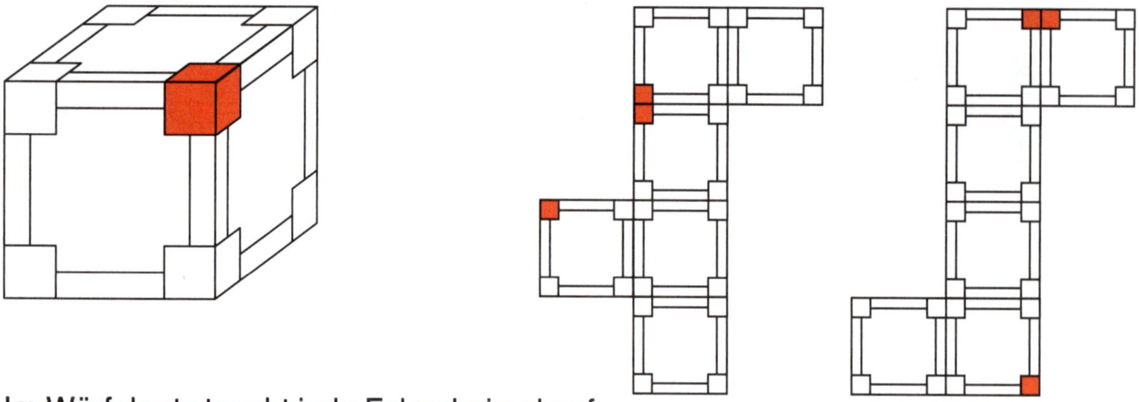

Im Würfelnetz taucht jede Ecke dreimal auf.
Finde die beiden anderen Teile der Ecke und färbe sie ebenfalls rot.

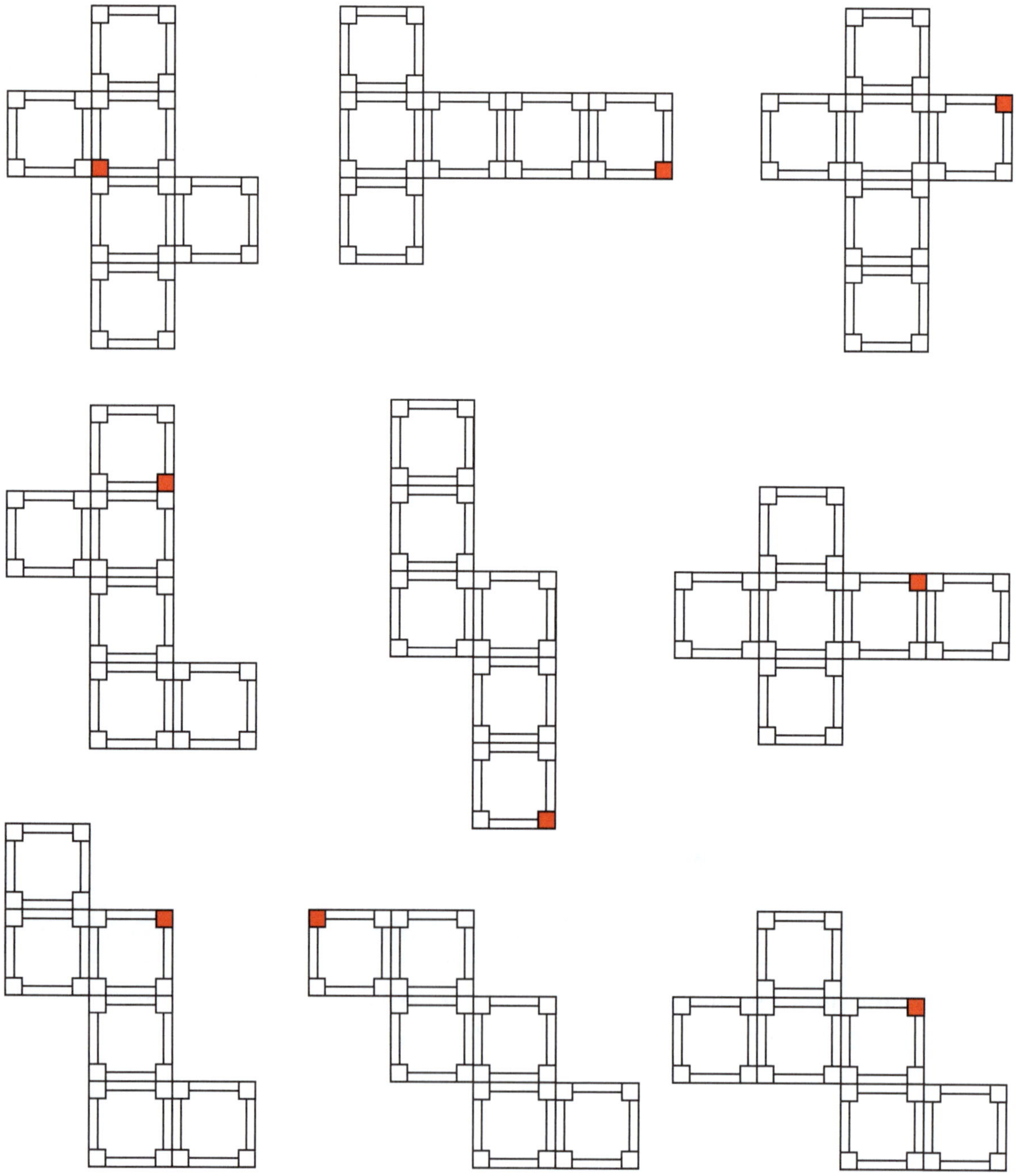

Alle Würfelecken

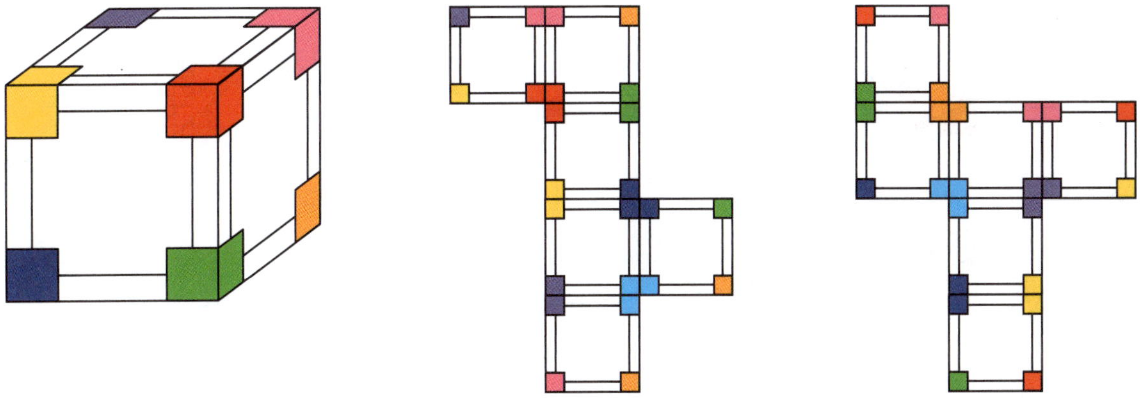

Hier sollen alle Ecken richtig eingefärbt werden. Du brauchst also 8 Farben.

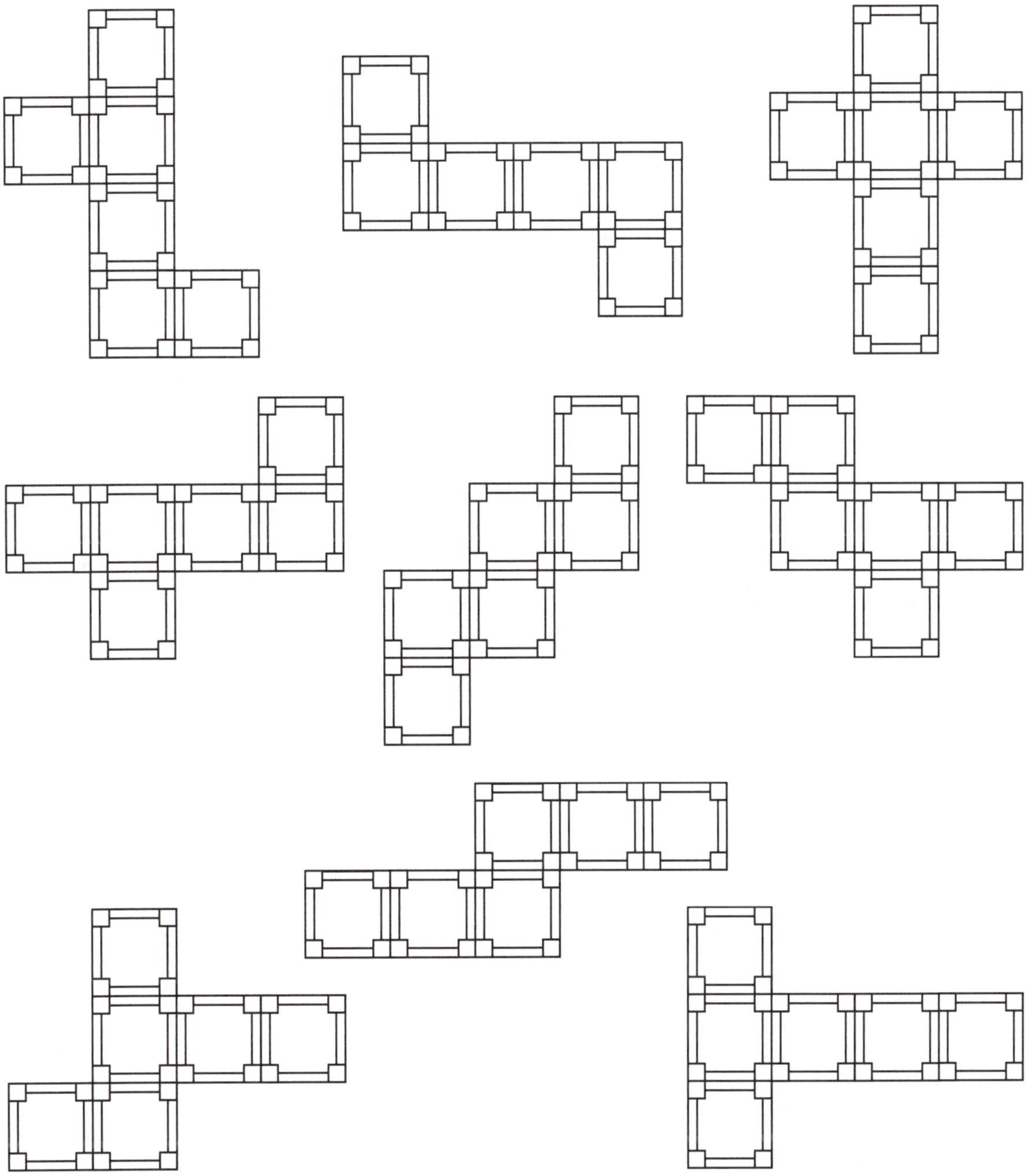

Raumdiagonale Würfelecken

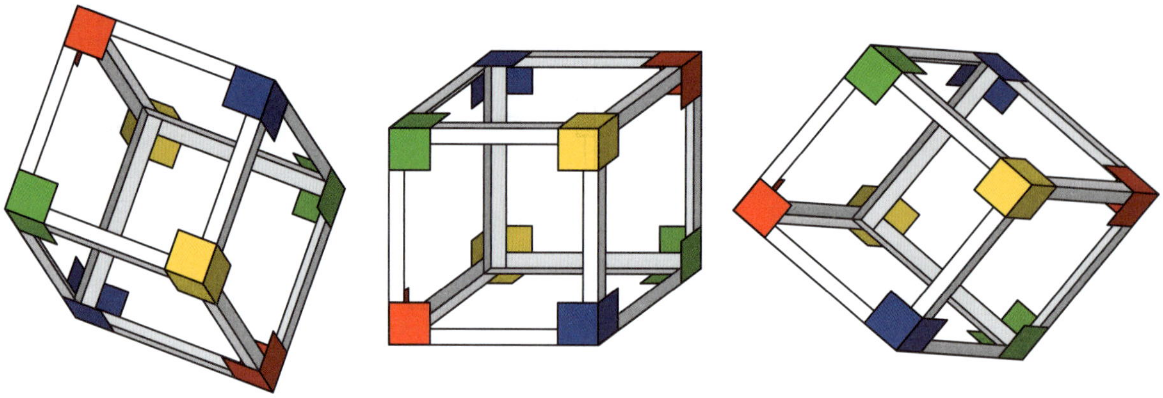

Die raumdiagonalen Ecken haben immer die gleiche Farbe.

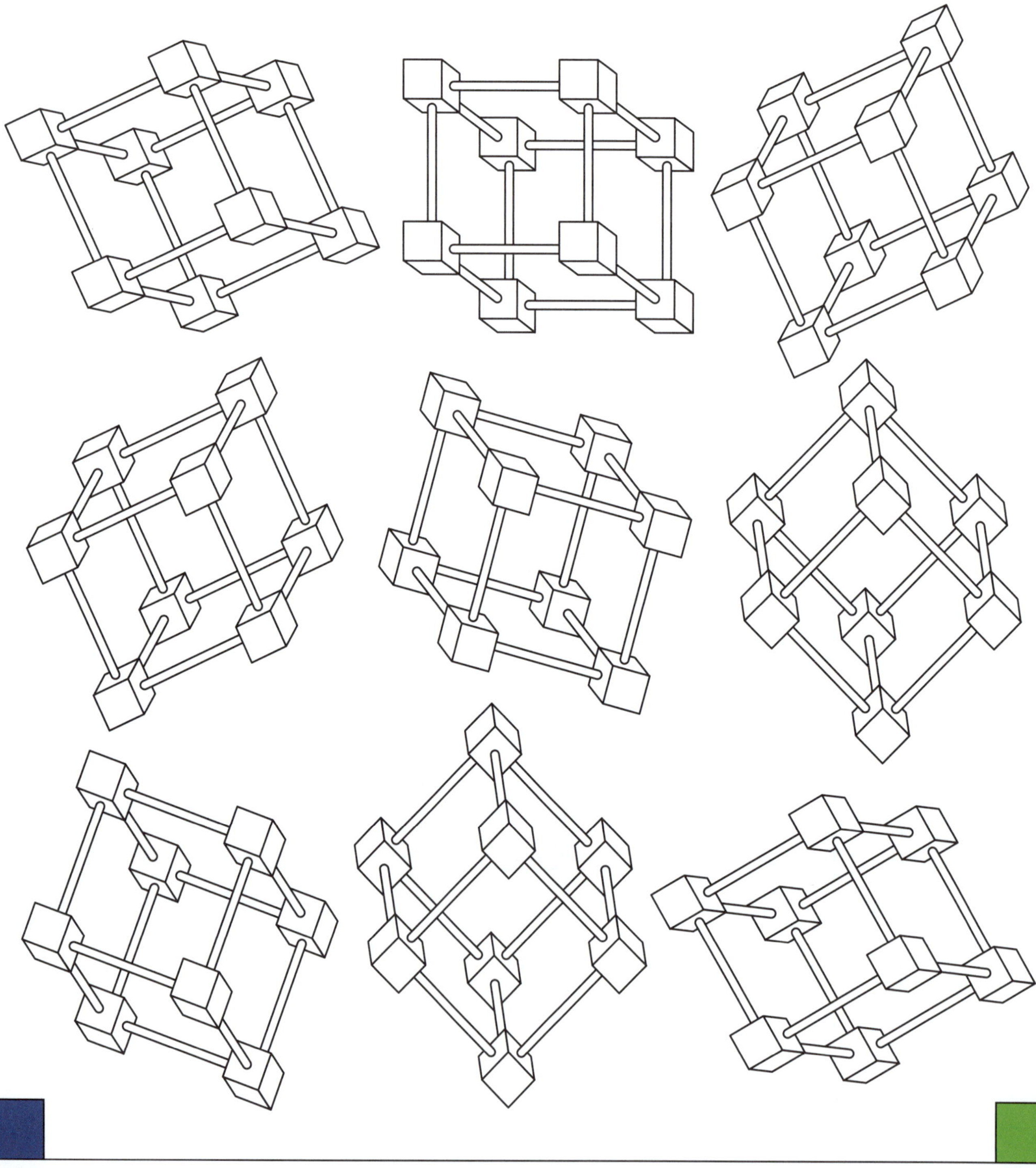

Diagonal gegenüberliegende Würfelecken

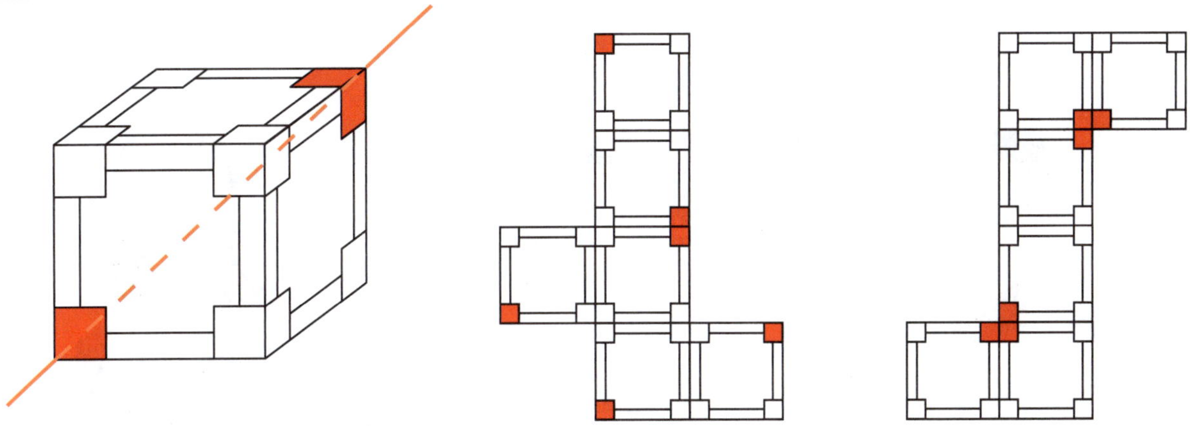

Im Würfelnetz taucht jede Ecke dreimal auf.
Finde die anderen Teile der raumdiagonalen Ecken und färbe sie rot.

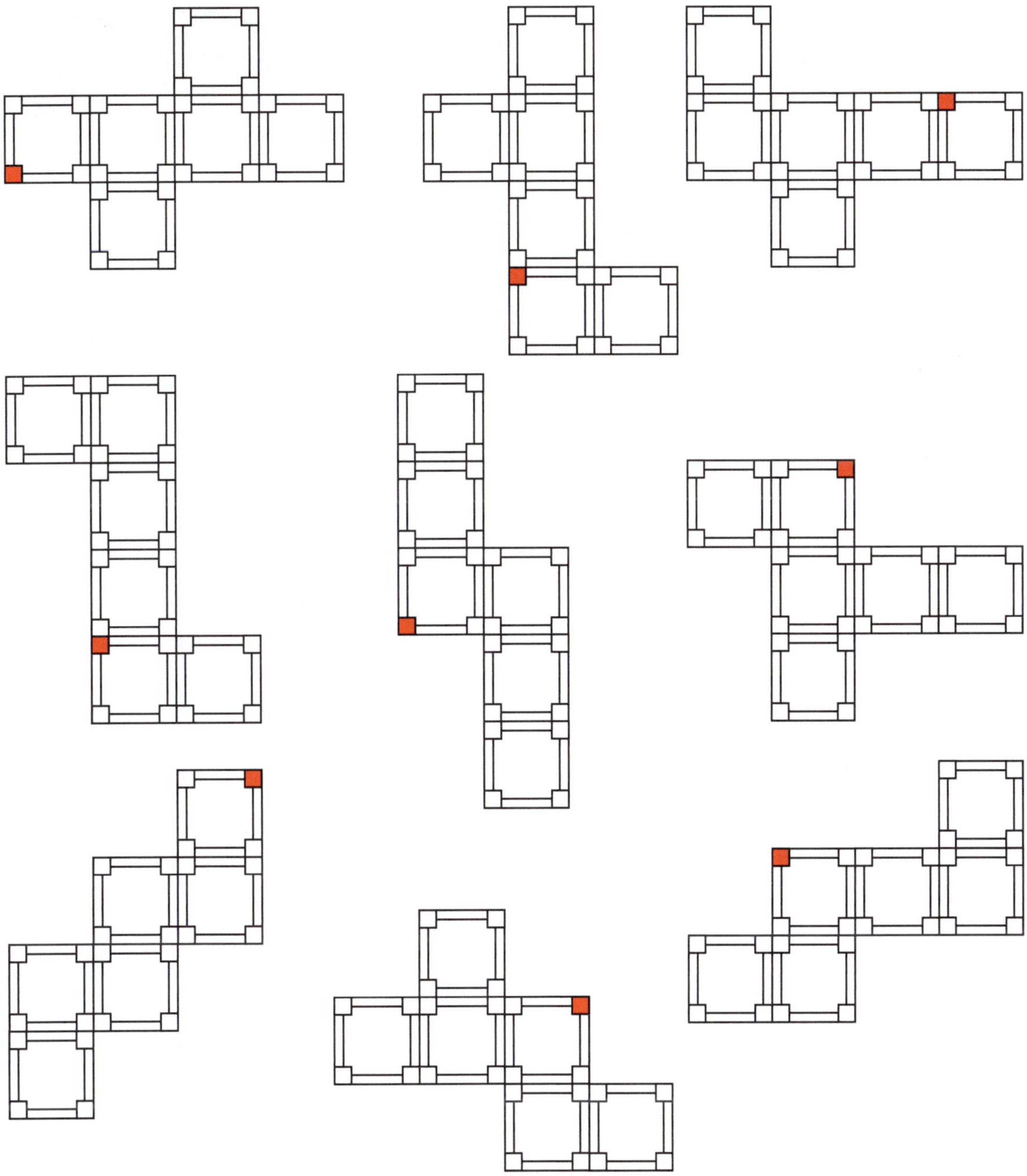

Alle raumdiagonalen Ecken

Raumdiagonal gegenüberliegende Ecken haben die gleiche Farbe.

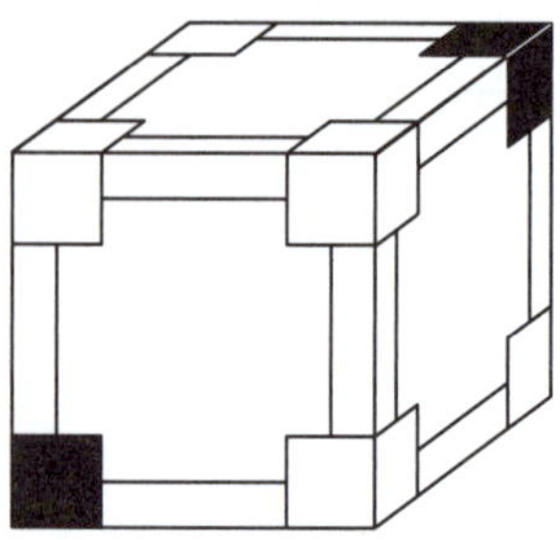

Mit dem Abrollwürfel kannst du kontrollieren.

Alle raumdiagonal gegenüberliegenden Würfelecken

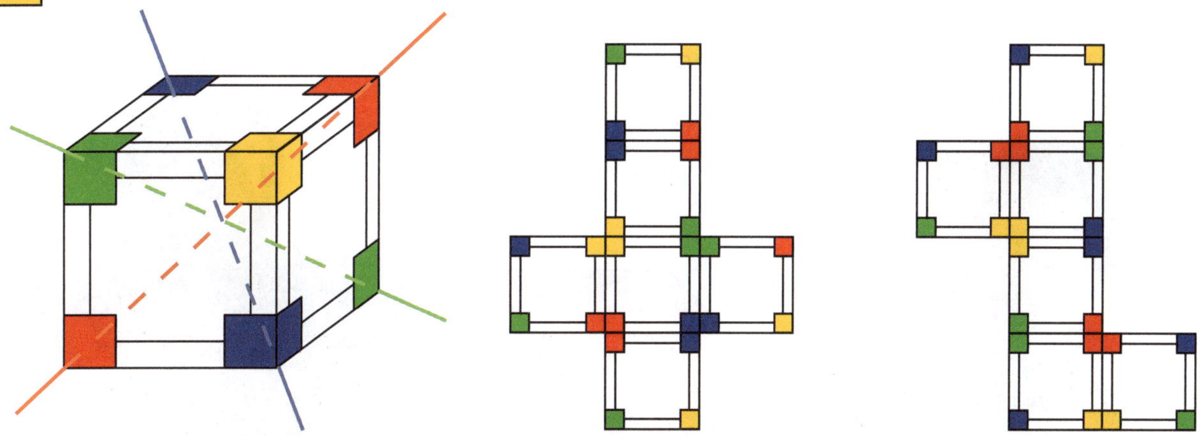

Färbe alle raumdiagonal gegenüberliegenden Ecken mit gleicher Farbe.

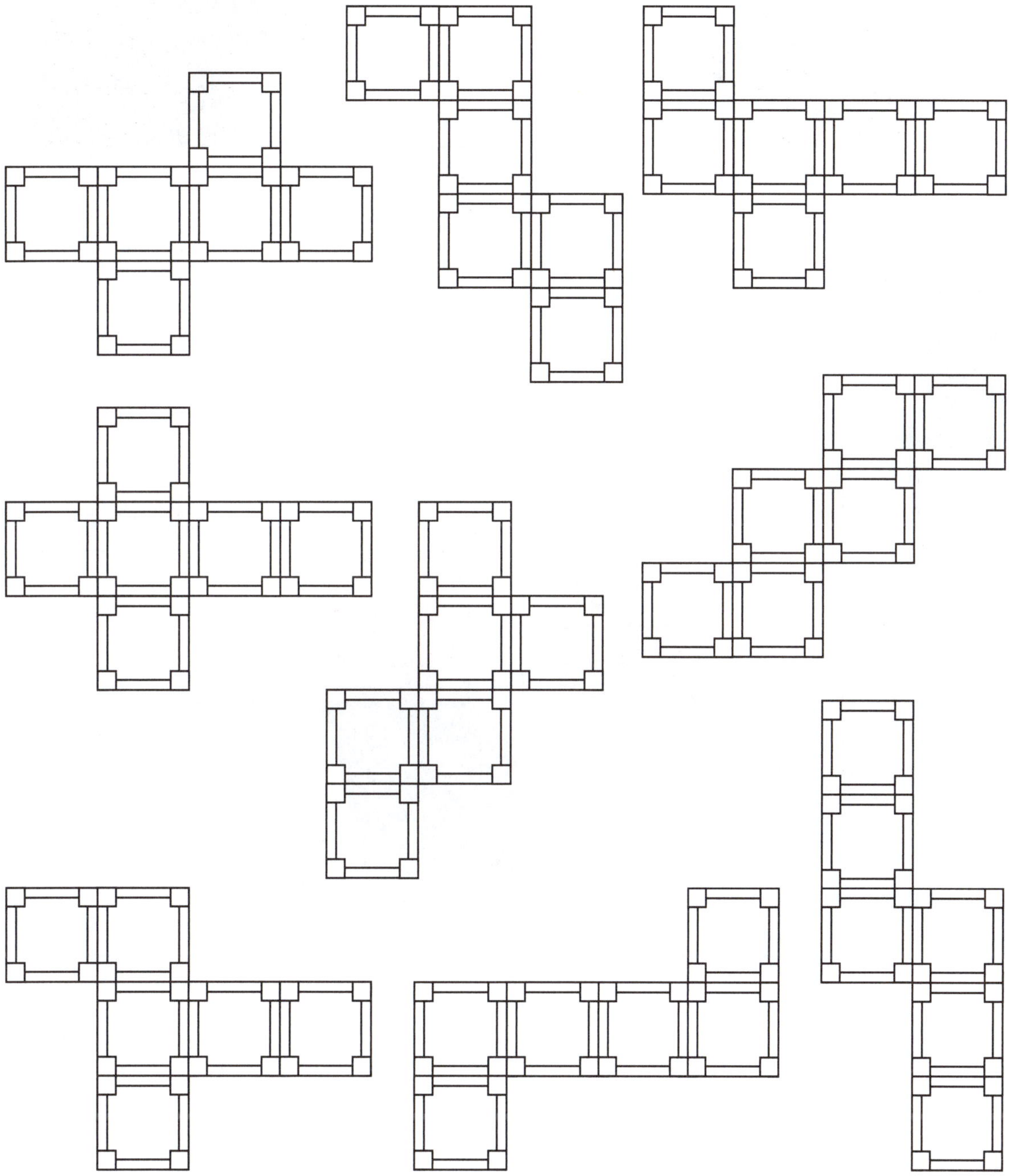

Der zerschnittene Würfel – Finde die Würfelhälften mit dem Abrollwürfel

Wie sehen die beiden Würfelhälften in den Würfelnetzen aus?
Benutze den Abrollwürfel und zeichne richtig ein.

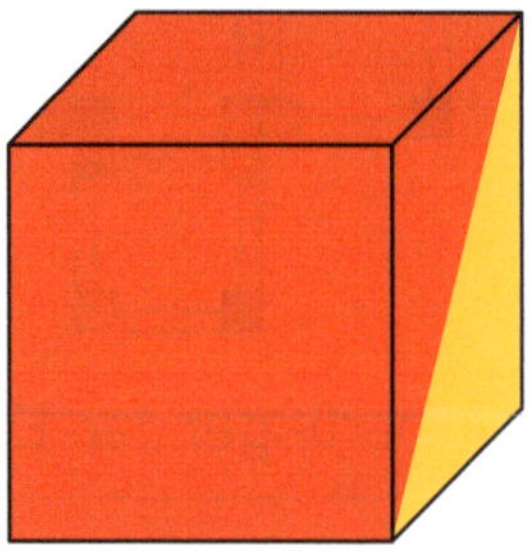

Eine Hälfte rot, eine Hälfte gelb. Lege richtig auf dem Legeplan ab.
Benutze dazu die Spielkarten „Würfelschnitte“.

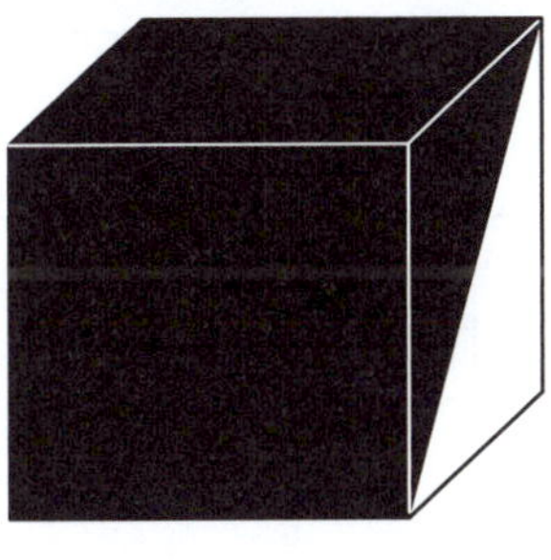

Mit dem Abrollwürfel kannst du kontrollieren.

Würfelschnitte

Zeichne die beiden Würfelhälften mit rot und gelb richtig in die Würfelnetze ein.

Legeplan 1

Legeplan 1

Legeplan 2

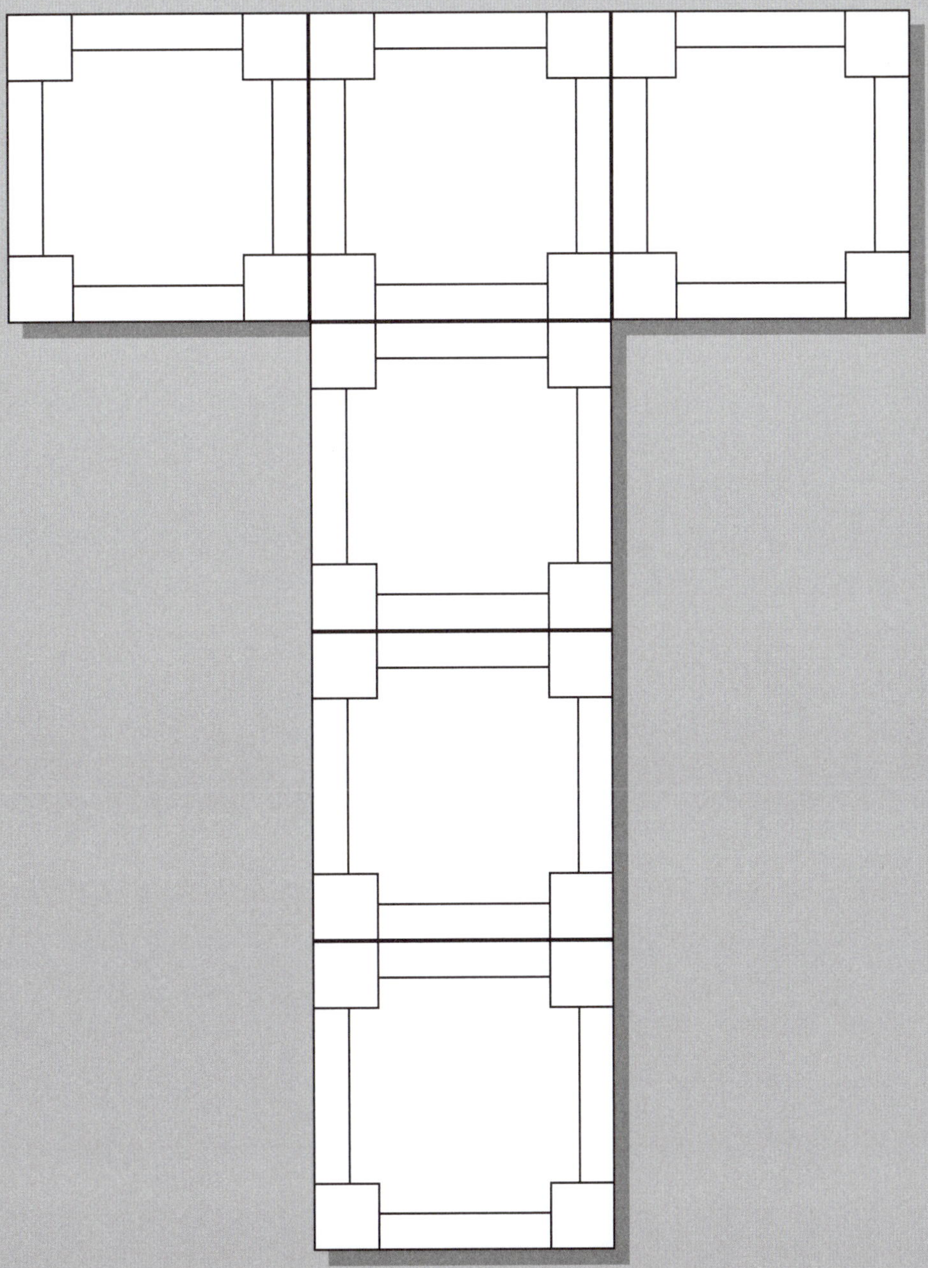

Legeplan 2

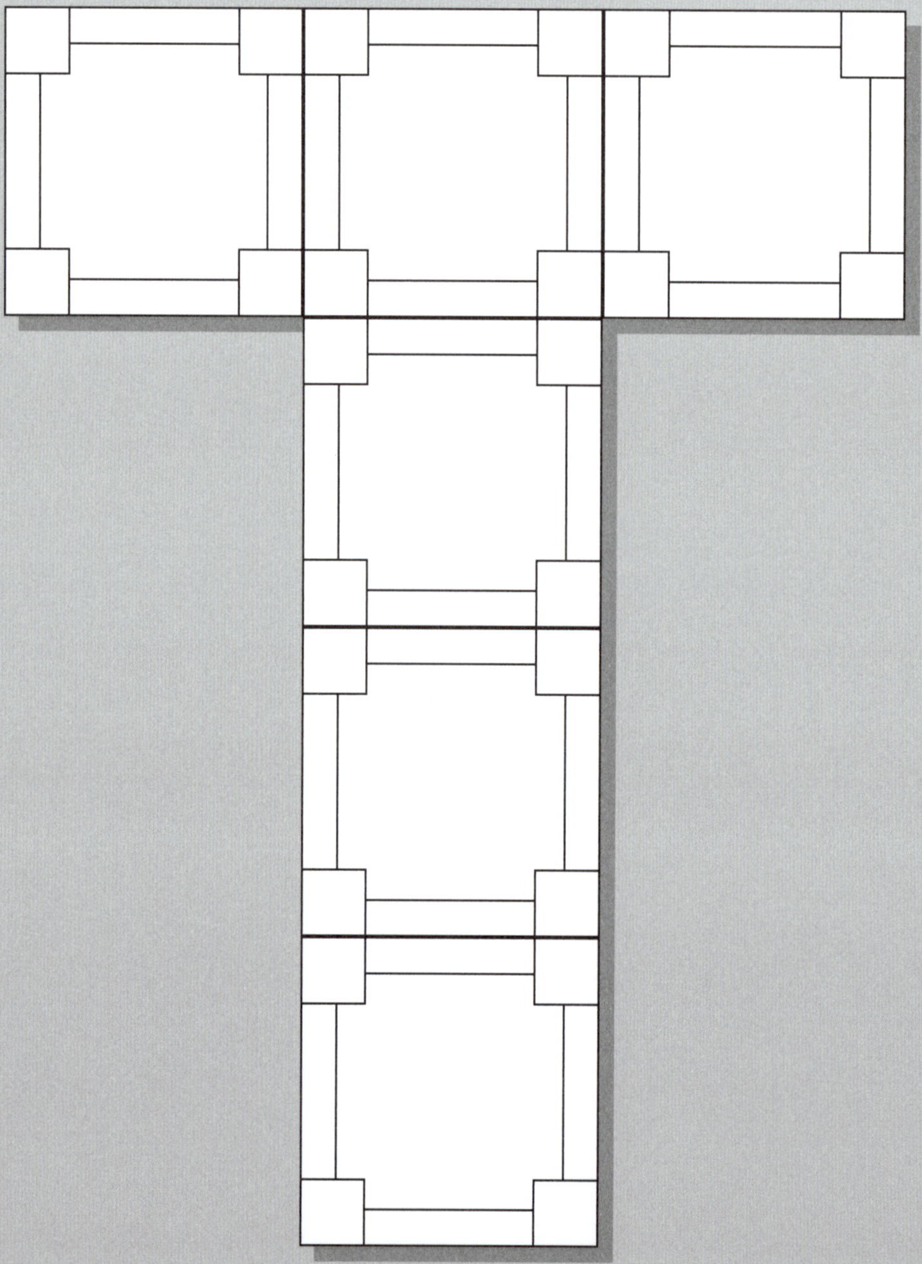

Legeplan 3

Legeplan 3

Legeplan 4

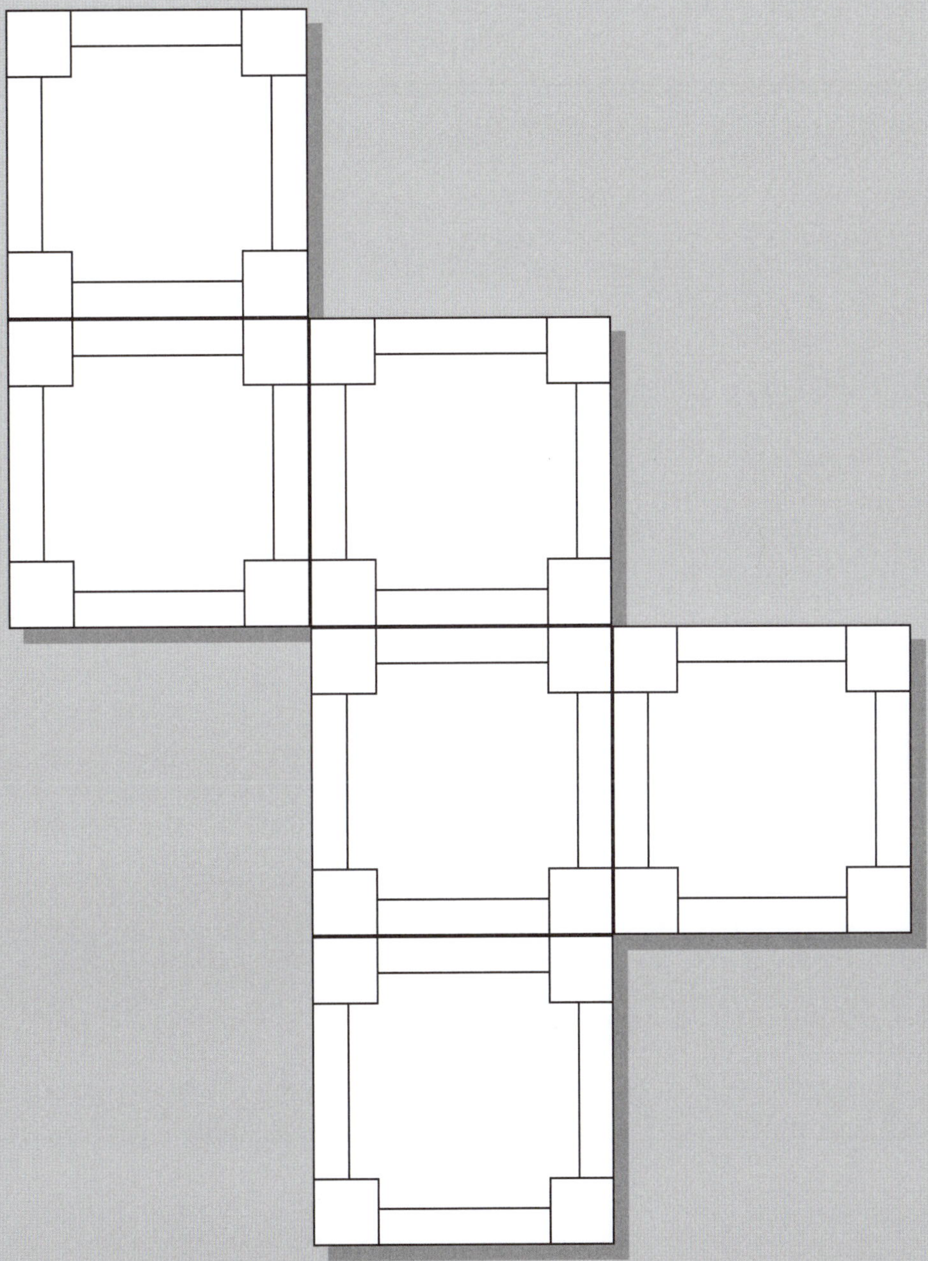

Legeplan 4

Legeplan 5

Legeplan 5

Legeplan 6

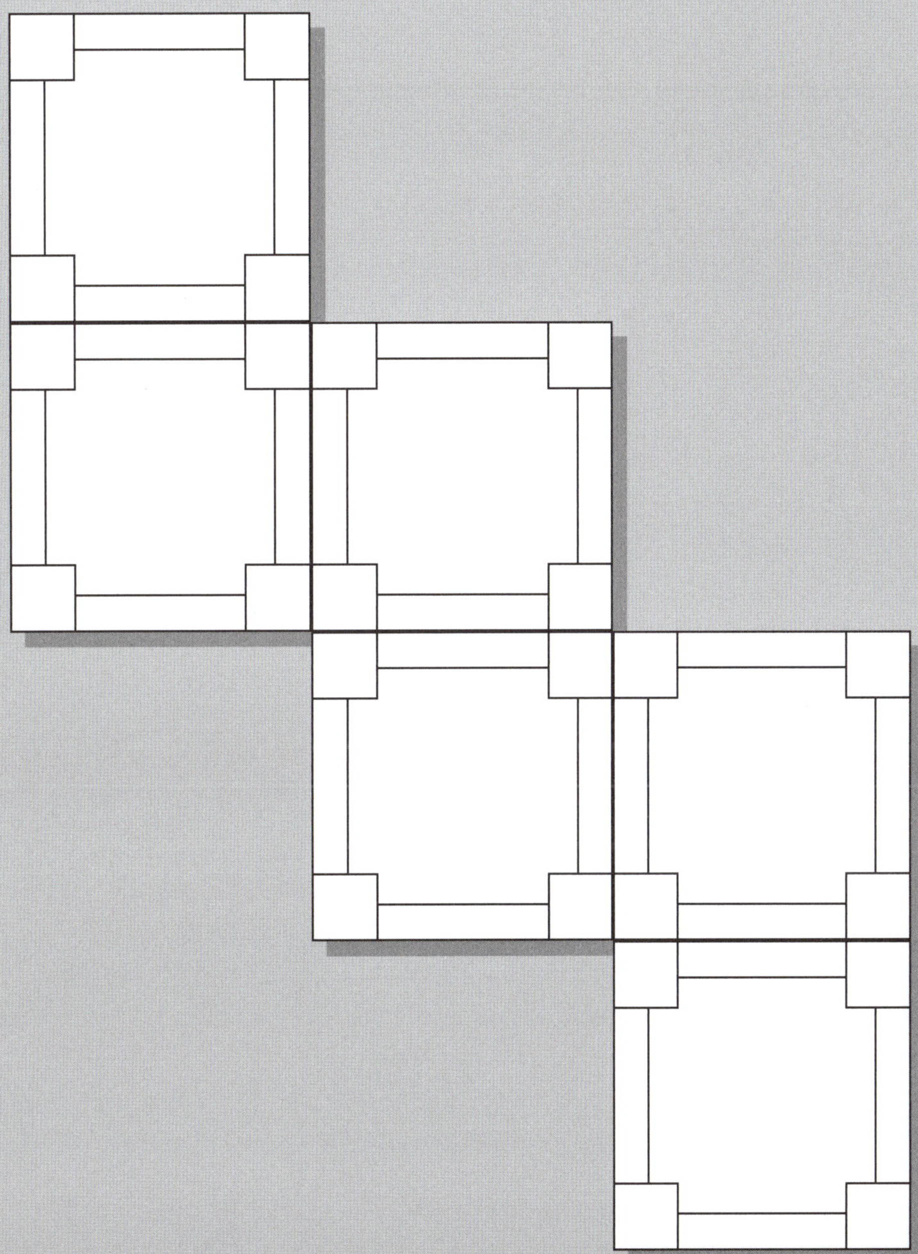

Legeplan 6

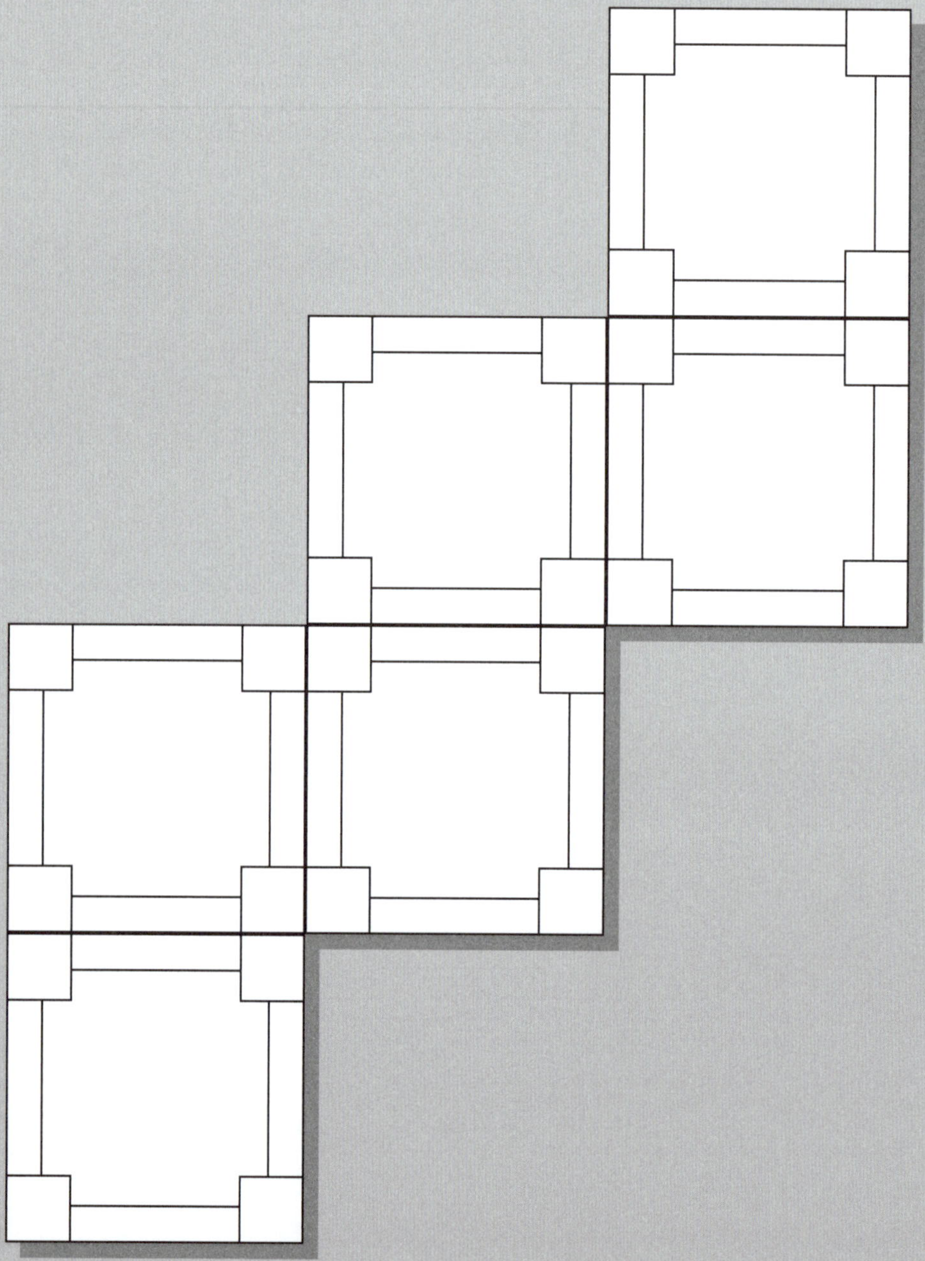

Legeplan 7

Legeplan 7

Legeplan 8

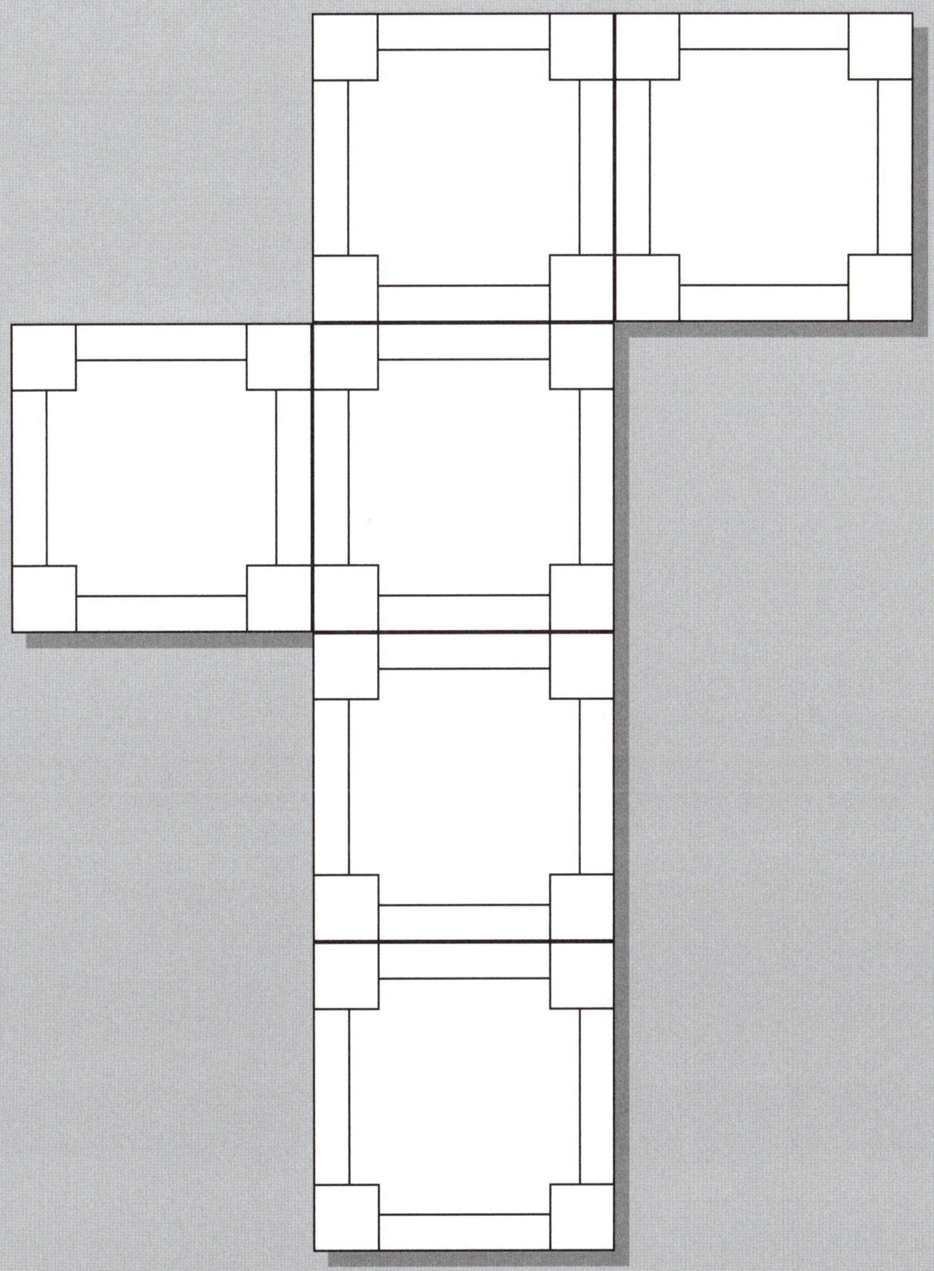

Legeplan 8

Legeplan 9

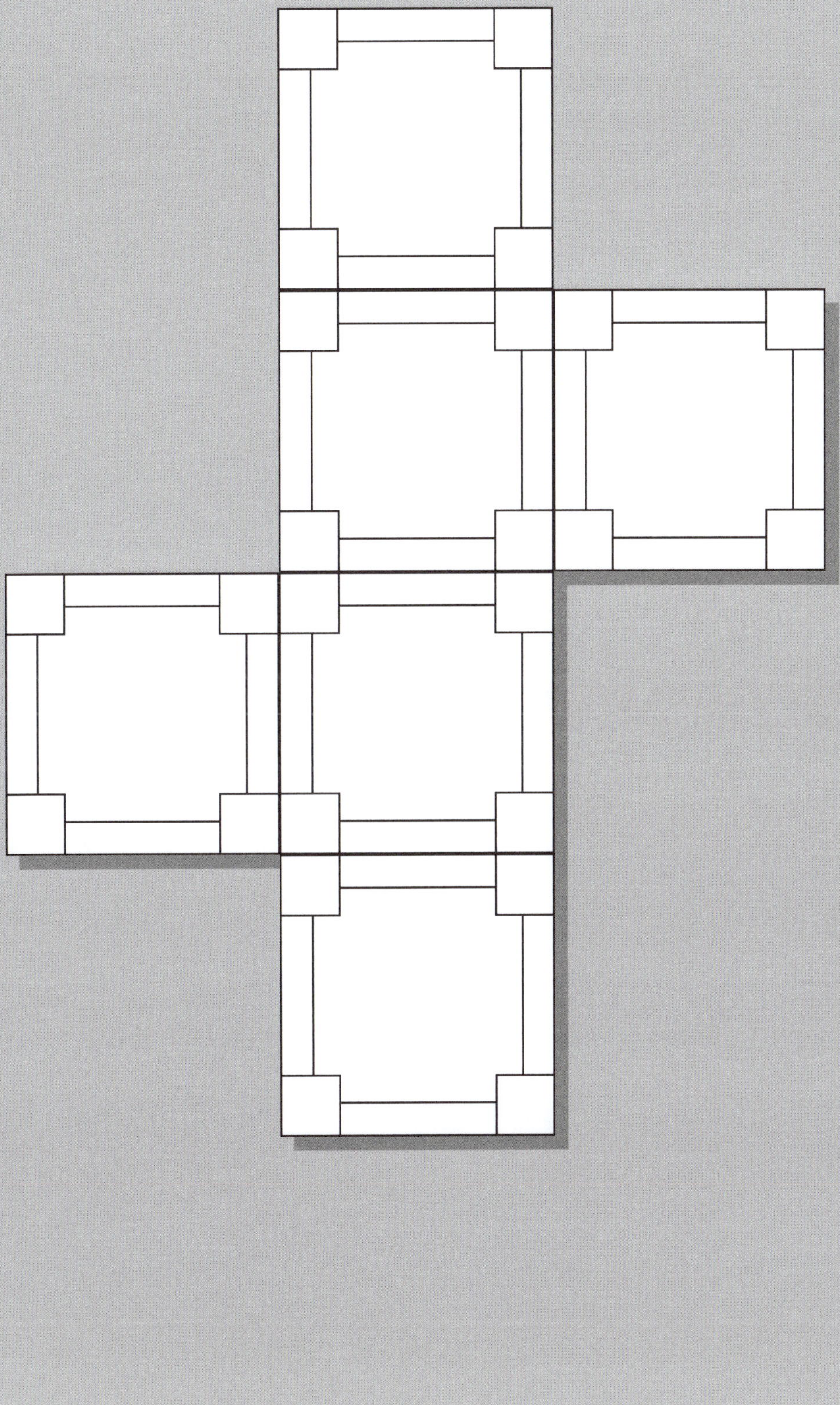

Legeplan 9

Legeplan 10

Legeplan 10

Legeplan 11

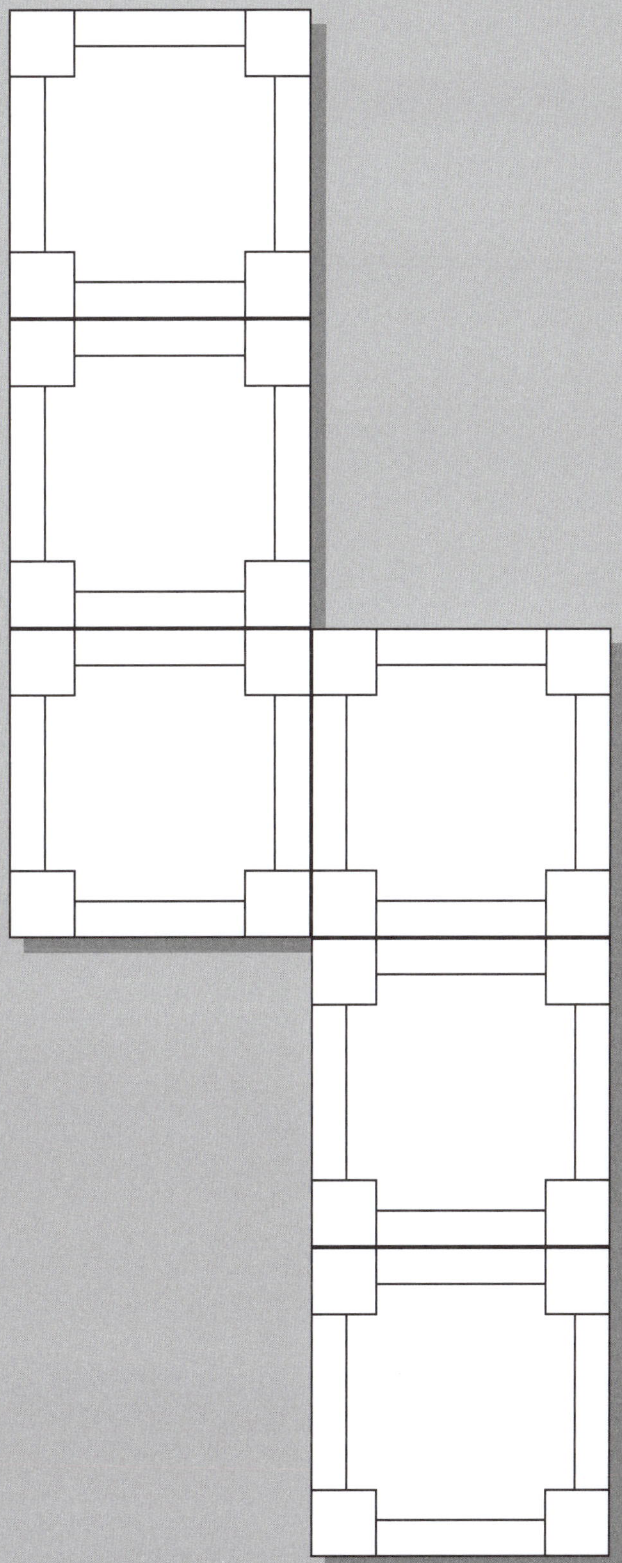

Legeplan 11

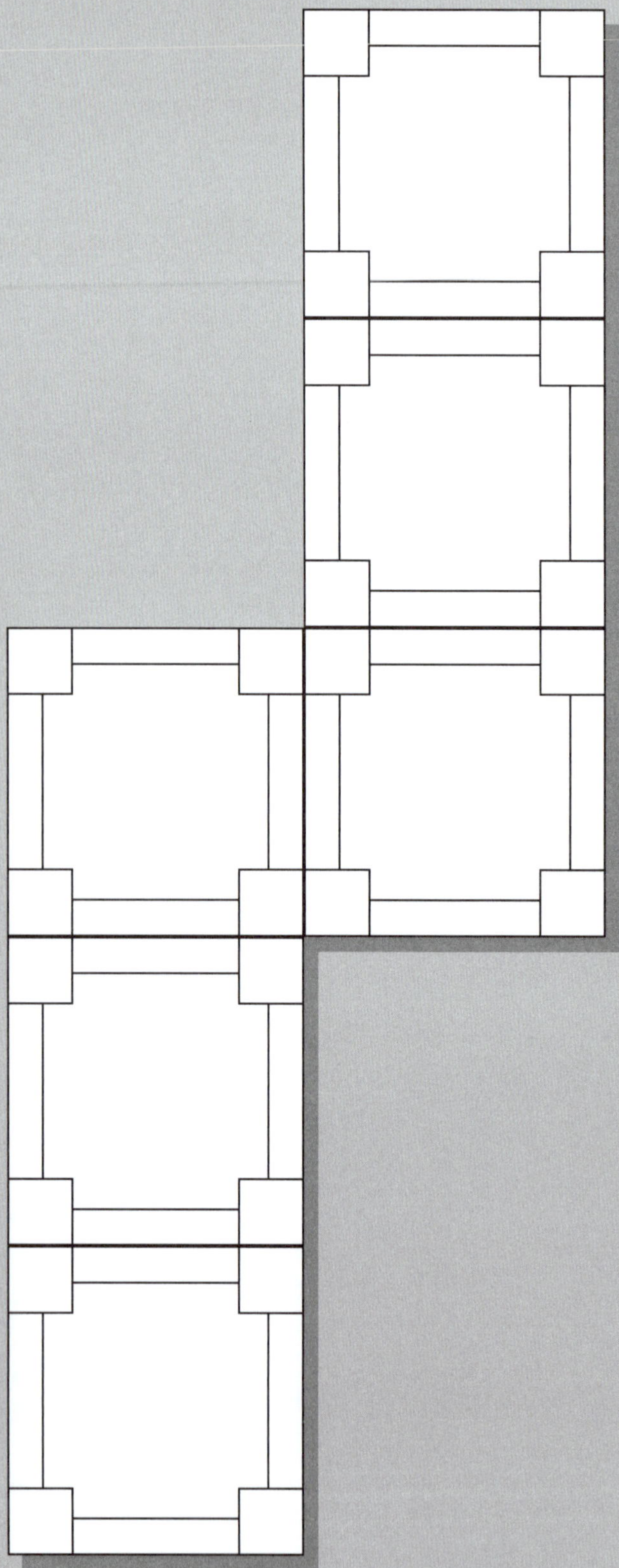